もくじ

さんすう1年

学校図書版
みんなとまなぶ しょうがっこうさんすう

教科書ぴったりトレーニング

▶ 3分でまとめ動画

巻末	なつのチャレンジテスト／ふゆのチャレンジテスト／はるのチャレンジテスト／学力しんだんテスト	とりはずして お使いください
別冊	まるつけラクラクかいとう	

ぴったり1

じゅんび

がくしゅうび　月　日

1 10までの　かず

1から　5までの　かず

3分でまとめ

きょうかしょ　上6〜13ページ　こたえ　2ページ

◎ねらい

ものの集まりを○や数字などと対応させ、5までの数を理解します。　れんしゅう

1 えの　かずだけ、◌に　いろを　ぬりましょう。

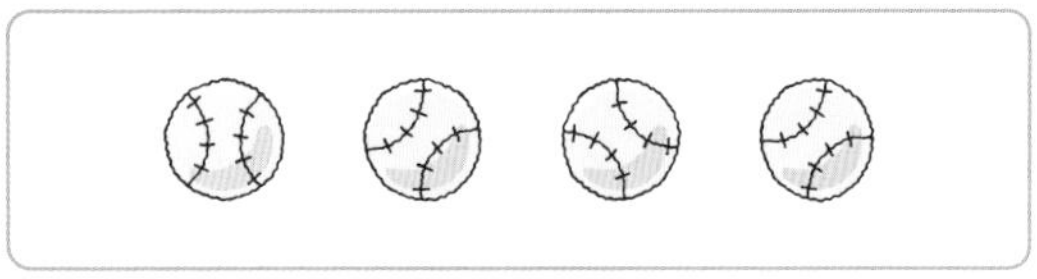

えを
1つずつ
ゆびで
おさえながら
ぬろう。

◎ねらい

5までの数について、数字をかくことができるようにします。　れんしゅう

2 ●の　かずを　すうじで　かきましょう。

●	いち	1
●●	に	2
●●●	さん	3
●●●●	し（よん）	4
●●●●●	ご	5

うすい　じを　なぞって、つづけて　かきましょう。

ぴったり2

れんしゅう

がくしゅうび　　月　　日

★できた　もんだいには、「た」を　かこう！★

でき　でき

た

きょうかしょ　上6～13ページ　こたえ　2ページ

おなじ　かずを　せんで　むすびましょう。

きょうかしょ6～12ページで、かずを　まなぼう。

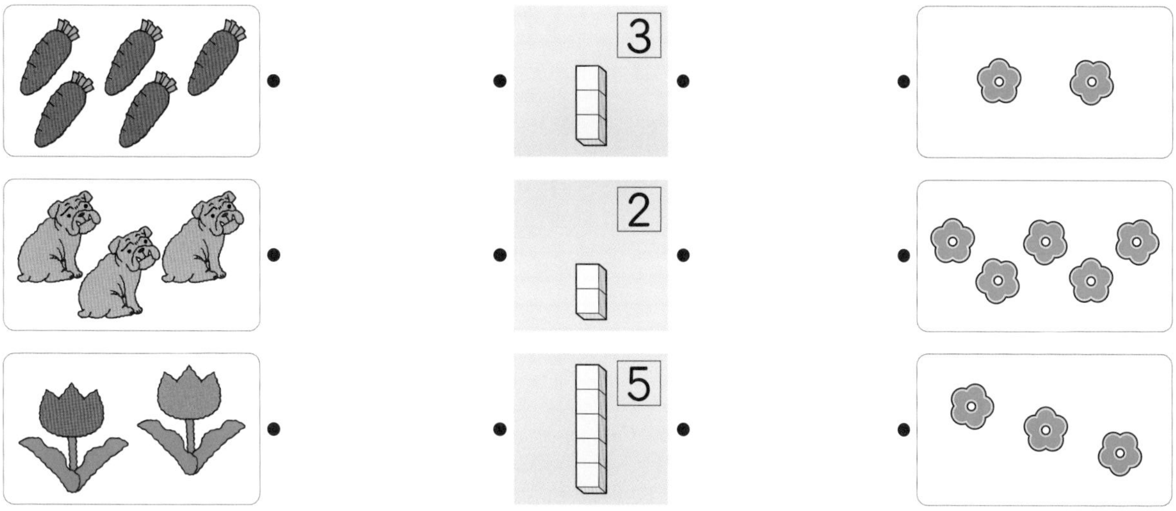

よくみて

えの　かずだけ、○に　いろを　ぬって、すうじを　かきましょう。

きょうかしょ6～13ページで、すうじを　まなぼう。

ひんと　「いち、に、さん、し、ご」と　となえながら　かぞえると　まちがえないよ。

ぴったり1

じゅんび

がくしゅうび　月　日

1 10までの　かず

6から　10までの　かず

きょうかしょ　上14〜19ページ　こたえ　2ページ

ねらい

ものの集まりを○や数字などと対応させ、10までの数を理解します。　れんしゅう

1 えの　かずだけ、◯に　いろを　ぬりましょう。

◯◯◯◯◯
◯◯◯◯◯

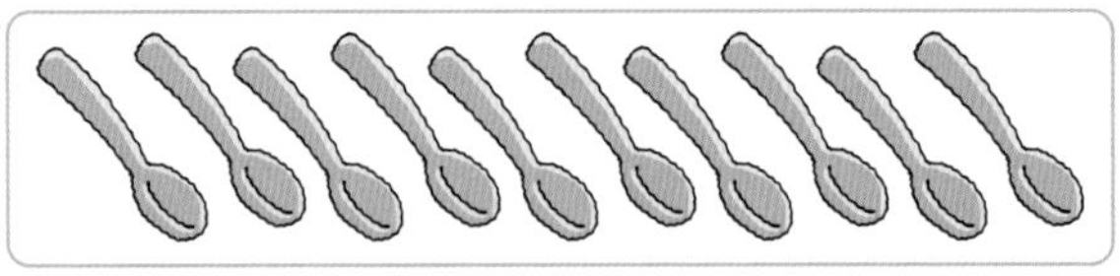

◯◯◯◯◯
◯◯◯◯◯

◯◯◯◯◯
◯◯◯◯◯

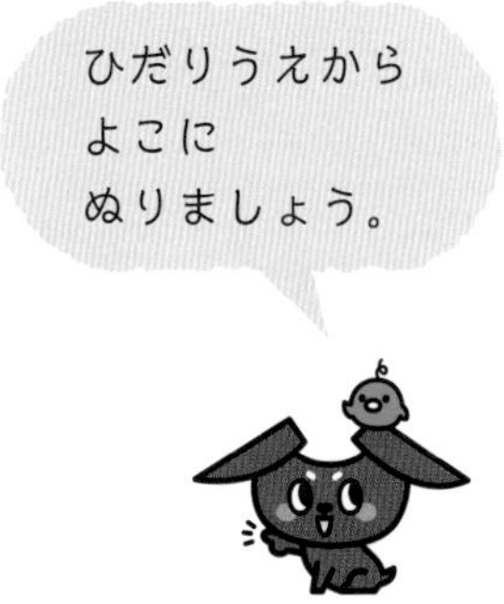

ねらい

10までの数について、数字をかくことができるようにします。　れんしゅう

2 ●の　かずを　すうじで　かきましょう。

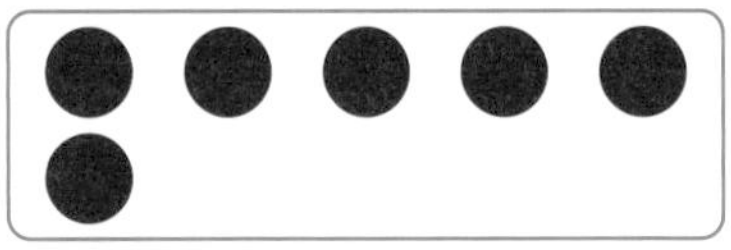

ろく　6

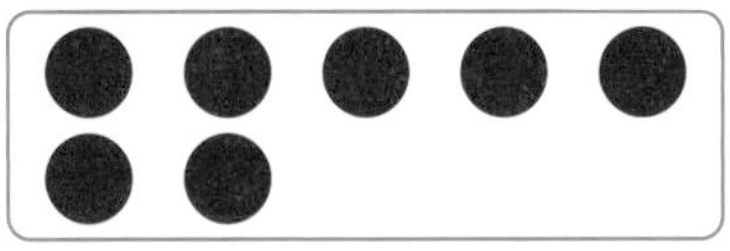

しち（なな）　7

はち　8

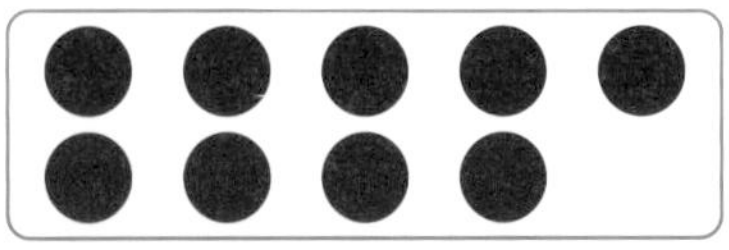

く（きゅう）　9

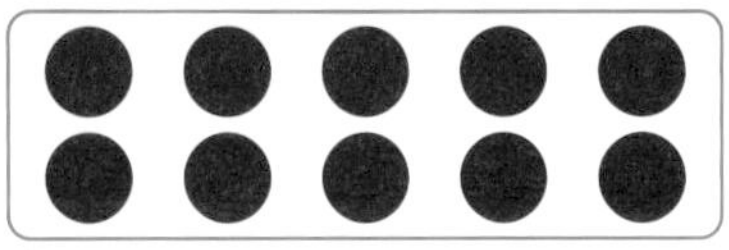

じゅう　10

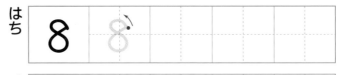

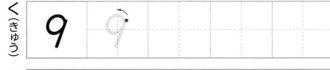

ぴったり2

れんしゅう

がくしゅうび　月　日

★できた　もんだいには、「た」を　かこう！★

でき　でき

きょうかしょ　上14～19ページ　こたえ　2ページ

1 おなじ　かずを　せんで　むすびましょう。

きょうかしょ14～18ページで、かずを　まなぼう。

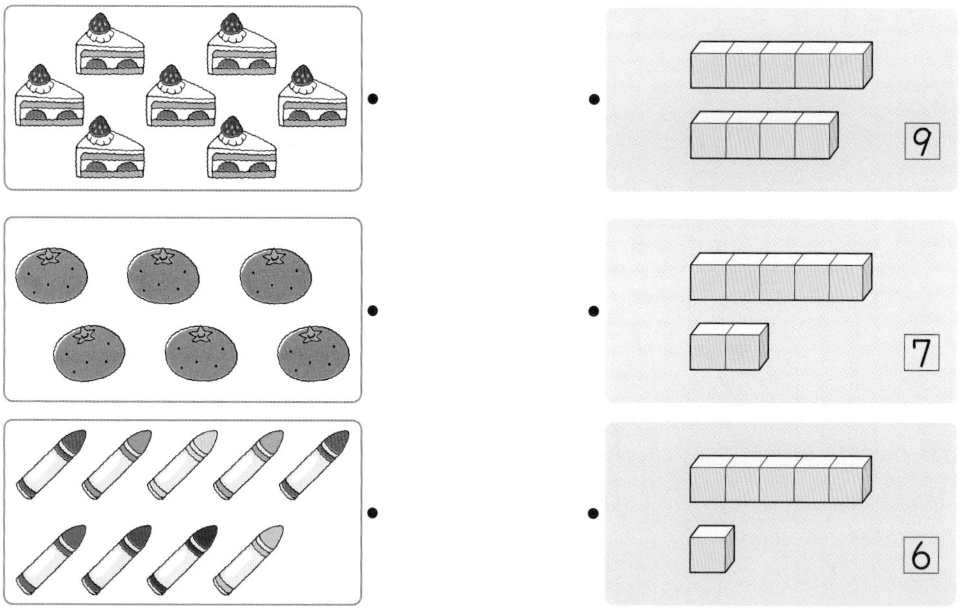

！まちがいちゅうい

2 かずを　すうじで　かきましょう。

きょうかしょ14～19ページで、すうじを　まなぼう。

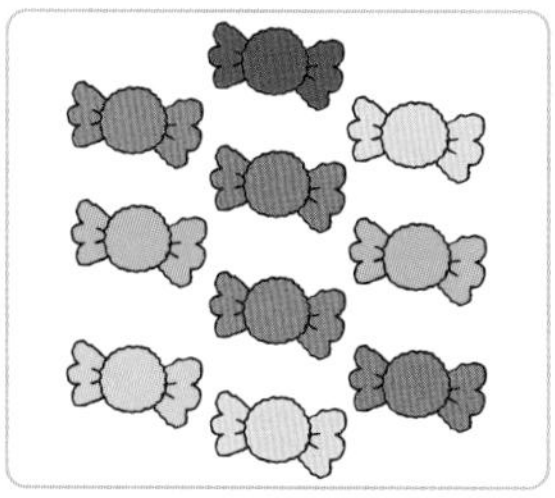

（ 10 ）

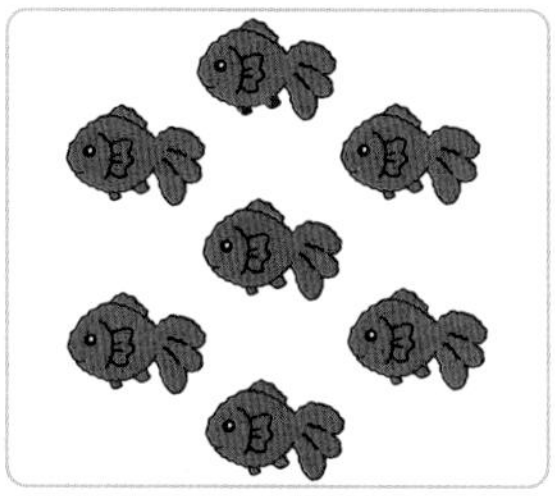

（　　　）

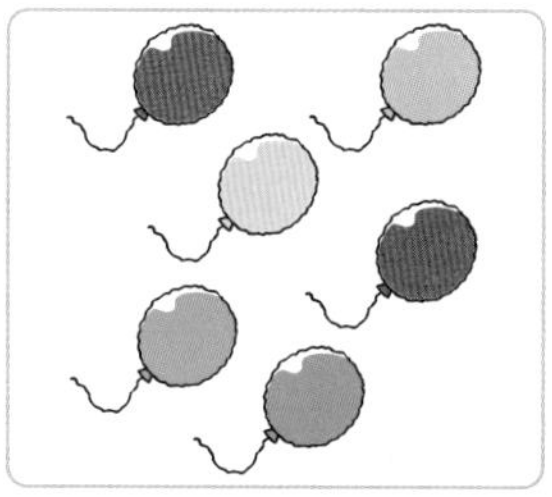

（　　　）

（　　　）

（　　　）

おちついて
かぞえよう。

ひんと　えに　しるしを　つけながら　かぞえたり、こえに　だして　かぞえると、
まちがいが　すくなく　なるよ。

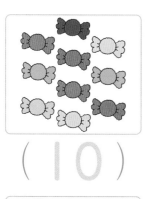

がくしゅうび　月　日

1 10までの かず
0
おおい　すくない

きょうかしょ 上20～23ページ　こたえ 3ページ

ねらい

何もないことを表すのに、数字の0で表すことを理解します。　れんしゅう

1 ●の　かずを　すうじで　かきましょう。

(　　　)

(　　　)

れい　0　0

なにも　ないときも
すうじで　あらわせるよ。
0と　かこう。

ねらい

ものの個数の多い、少ない、数の大小が理解できるようにします。　れんしゅう

2 おおい　ほうに　○を　つけましょう。

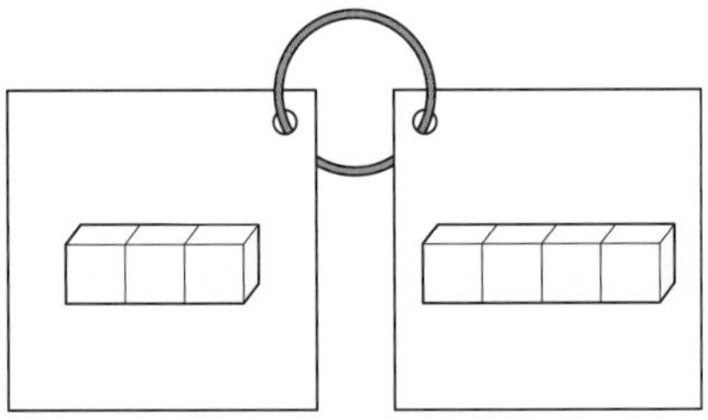

(　　　)　(　○　)

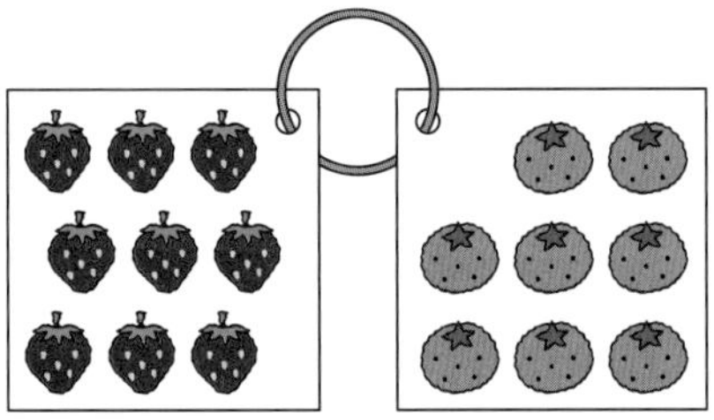

(　　　)　(　　　)

いちごは
9こ、
みかんは…

3 おおきい　ほうに　○を　つけましょう。

3	5
(　　　)	(　　　)

8	6
(　　　)	(　　　)

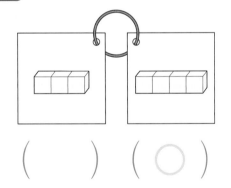

★できた　もんだいには、「た」を　かこう！★

でき　でき　でき

きょうかしょ　上20～23ページ　　こたえ　3ページ

1 かずを　すうじで　かきましょう。

きょうかしょ20ページで、0について　かんがえよう。

！まちがいちゅうい

(　　)　(　　)　(　　)

2 おおい　ほう、おおきい　ほうに　○を　つけましょう。

きょうかしょ21～22ページで、おおい　すくないを　かんがえよう。

(　　)(　　)

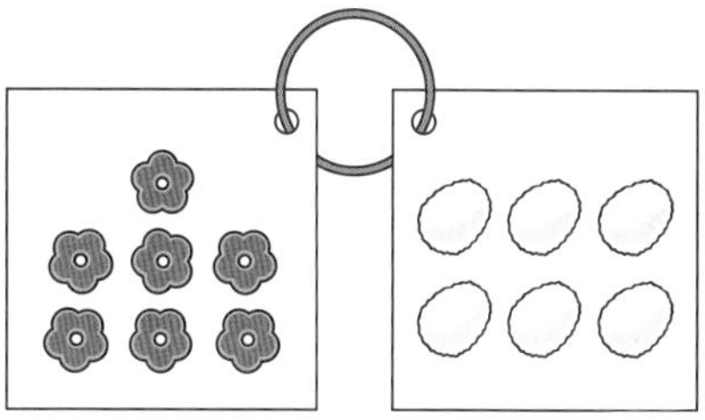

(　　)(　　)

おはじきは
7こだね。

8	0
(　　)	(　　)

7	10
(　　)	(　　)

3 □に　かずを　すうじで　かきましょう。

きょうかしょ22～23ページで、かずの　じゅんじょを　しろう。

□ ― 1 ― 2 ― □ ― 4 ― □

6 ― □ ― 8 ― 9 ― □

ひんと
1 0は　いちばん　ちいさい　かずだよ。
3 すうじは、ちいさい　じゅんに　ならんでいるよ。

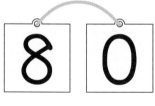

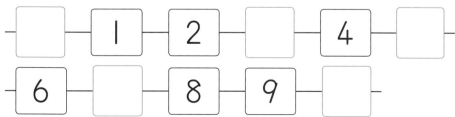

ぴったり3

たしかめのテスト

1 10までの　かず

じかん30ぷん

／100

ごうかく80てん

きょうかしょ　上6〜23ページ　こたえ　3ページ

知識・技能　／84てん

1 おなじ　かずを　せんで　むすびましょう。

1つ9てん(36てん)

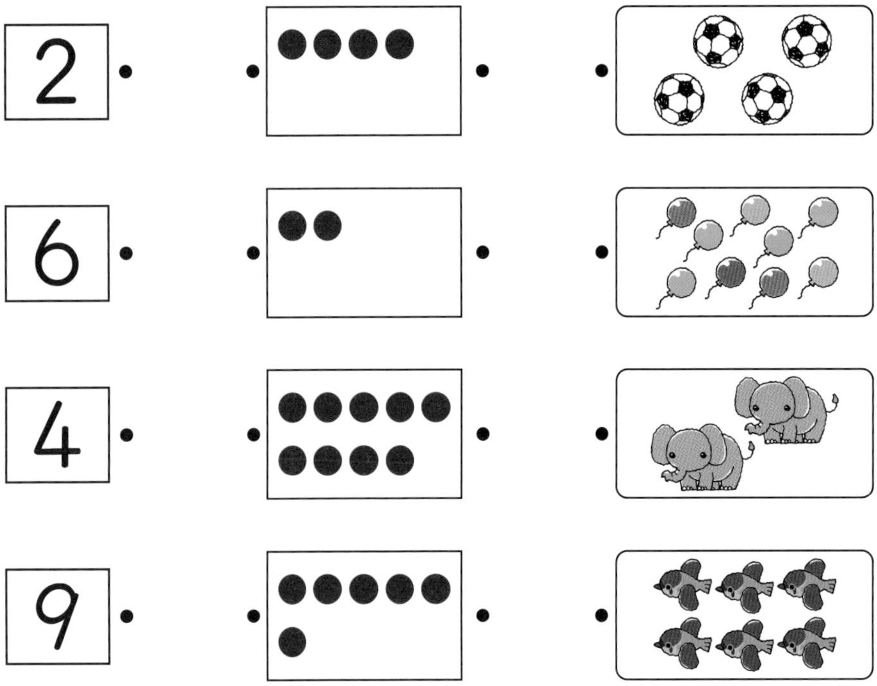

2 よく出る　どちらが　おおきいですか。

おおきい　ほうに　◯を　つけましょう。　1つ9てん(18てん)

① 9　5

(　　)(　　)

② 4　8

(　　)(　　)

3 よく出る　□に　かずを　かきましょう。　□1つ5てん(20てん)

①　□ ― 1 ― 2 ― □ ― 4

②　□ ― 9 ― □ ― 7 ― 6

4 1から　じゅんに、せんで　つなぎましょう。　(10てん)

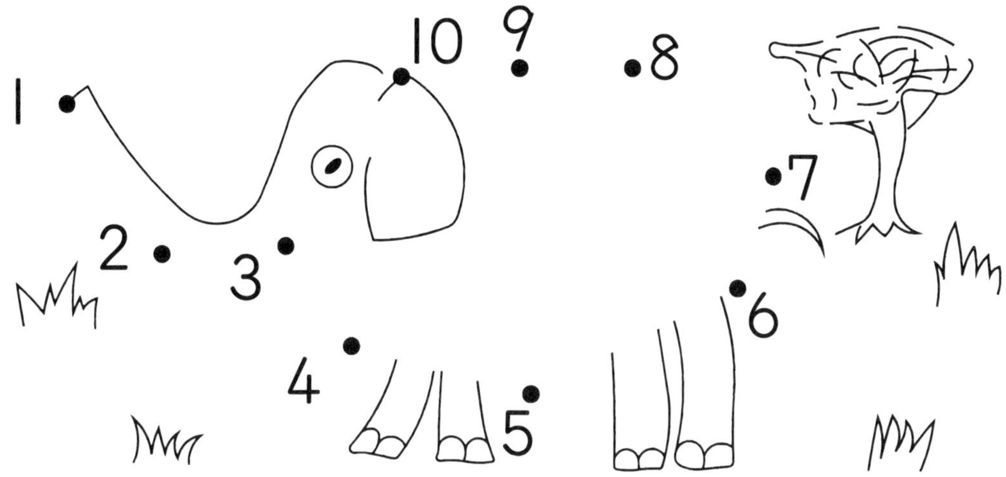

思考・判断・表現　　　　／16てん

できたらすごい！

5 どちらが　おおいですか。
おおい　ぶんだけ　○で　かこみましょう。

1つ8てん(16てん)

①

②

ふりかえり　**1**が　わからない　ときは、2ページの　**1**、4ページの　**1**に　もどって
かくにんして　みよう。

がくしゅうび　月　日

2 いくつと　いくつ
5、6、7、8、9

3分でまとめ

きょうかしょ　上24～29ページ　こたえ　4ページ

ねらい
数をいくつといくつに分けて、数の構成を考えます。　れんしゅう 1 2 →

1 5この　ぼうるは、いくつと　いくつに　わかれましたか。

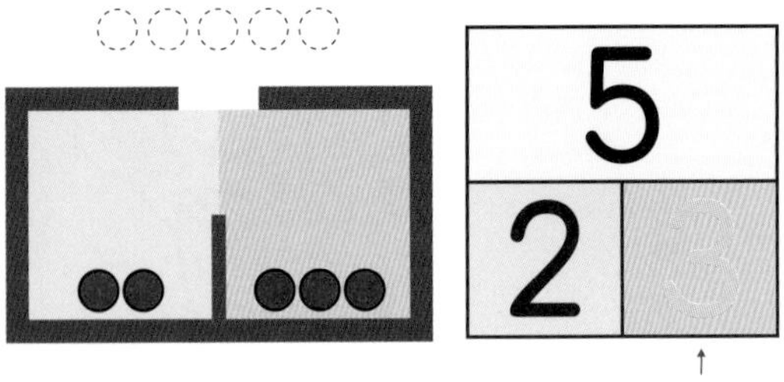
5
2
3
すうじを　かこう

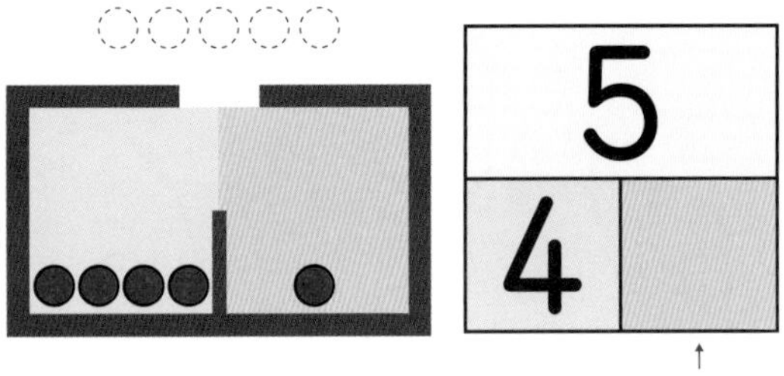
5
4
すうじを　かこう

2こと　3　こ　　　4　ことこ　□　こ

いろいろな　わけかたが
あるよ。

ねらい
1つの数がいくつといくつで合成されているかを考えます。　れんしゅう 3 →

2 2まいで　8に　しましょう。

3	2	7	5
•	•	•	•
•	•	•	•
6	3	1	5

8は、
●●●○○○○○
3 と　5
●●○○○○○○
2と　6
いろいろな
くみあわせが
あるよ。

がくしゅうび　月　日

★できた　もんだいには、「た」を　かこう！★

でき ①　でき ②　でき ③

きょうかしょ　上24〜29ページ　こたえ　4ページ

1　6この　ぼうるは、いくつと　いくつに　わかれましたか。

きょうかしょ26ページで　かんがえよう。

①

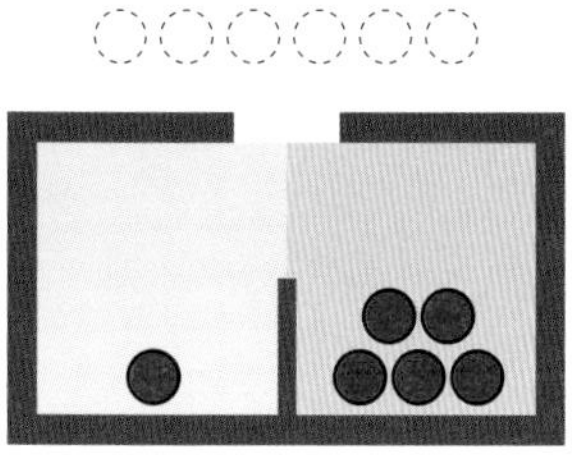

6	
1	

↑すうじを　かこう

②

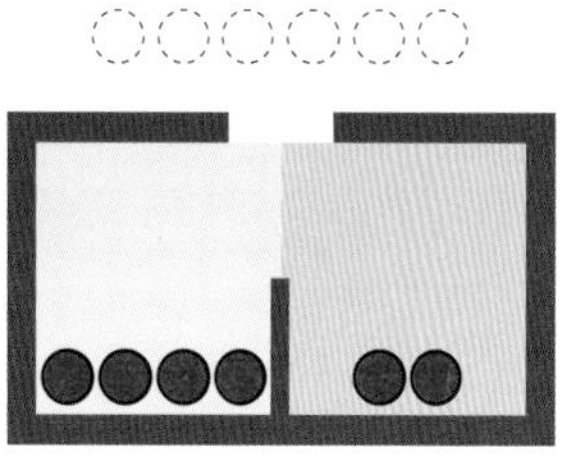

6	
4	

↑すうじを　かこう

よくみて

2　7この　おはじきは、いくつと　いくつに　わかれましたか。

きょうかしょ27ページで　かんがえよう。

①

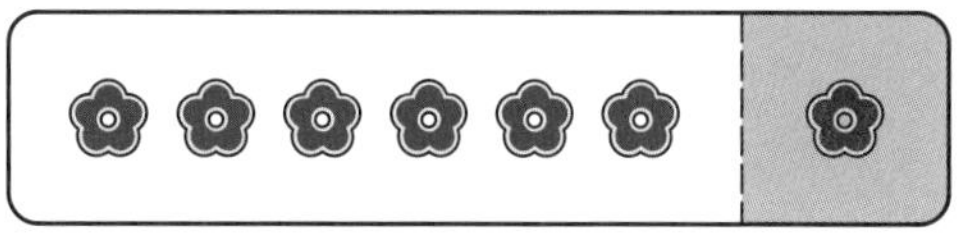

7	
6	

↑すうじを　かこう

②

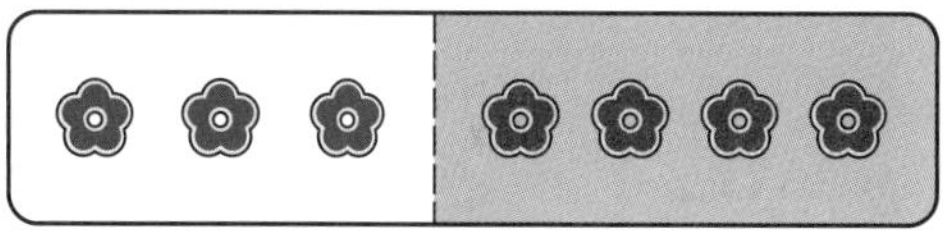

7	
	4

↑すうじを　かこう

3　2まいで　9に　しましょう。

きょうかしょ29ページで　かんがえよう。

6　2　8　5　4

せんで
むすぼう。

7　4　3　5　1

ひんと
2 あかい　おはじきの　かずを　かぞえれば　わかるよ。
3 ●を　9こ　かいて、2つに　わけてみよう。

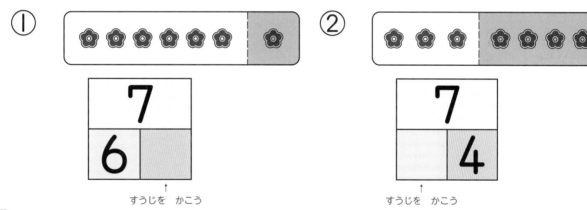

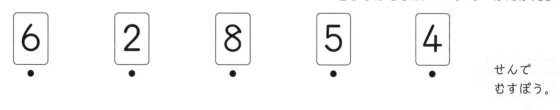

ぴったり1
じゅんび

2 いくつと　いくつ
10を　つくろう

がくしゅうび　　月　　日

きょうかしょ　上30〜31ページ　こたえ　4ページ

ねらい
10をいくつといくつに分けて、10の構成を考えます。 れんしゅう 1→

1 10は　いくつと　いくつですか。

①

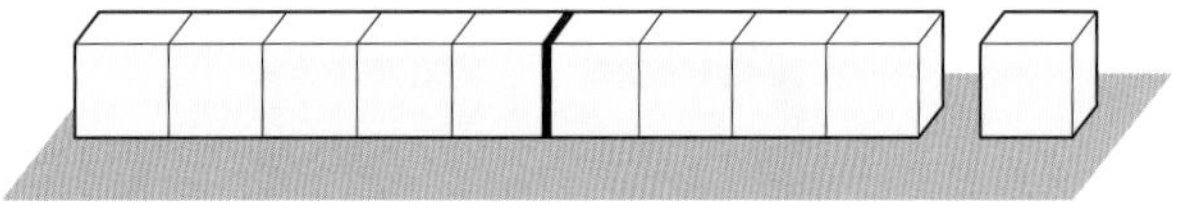

10は　9と　[1]

②

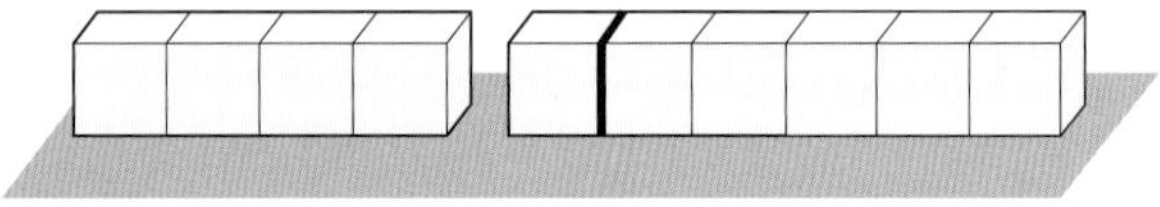

10は　4と　[ ]

ねらい
10がいくつといくつで合成されているかを理解します。 れんしゅう 2→

2 10を　2つの　かずに　わけましょう。

①

10	
7	3

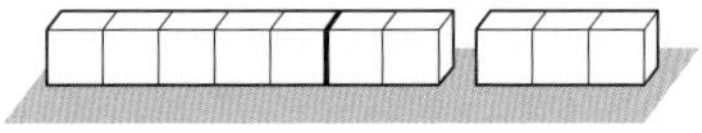

②

10	
	5

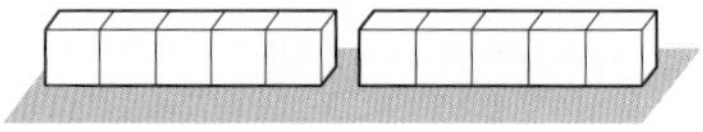

③

10	
2	

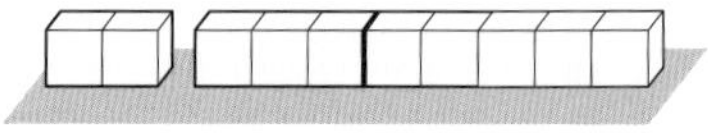

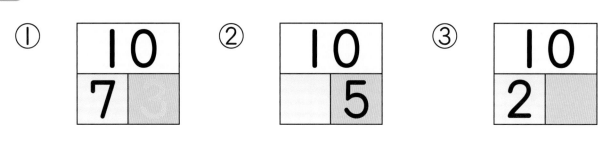

れんしゅう

がくしゅうび　　月　　日

★できた　もんだいには、「た」を　かこう！★

でき ①　でき ②

きょうかしょ　上30～31ページ　こたえ　4ページ

1　10は　いくつと　いくつですか。

きょうかしょ30ページで　かんがえよう。

①

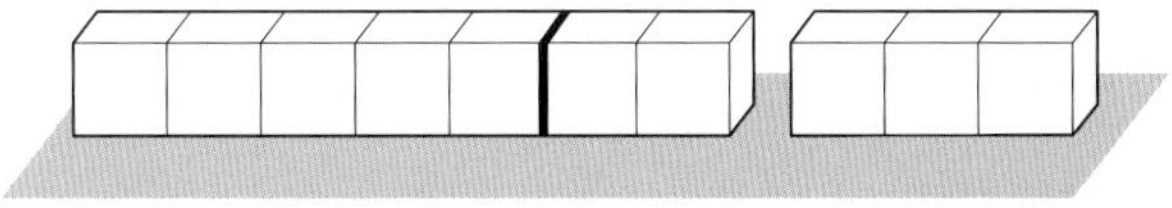

10は　7と　3

②

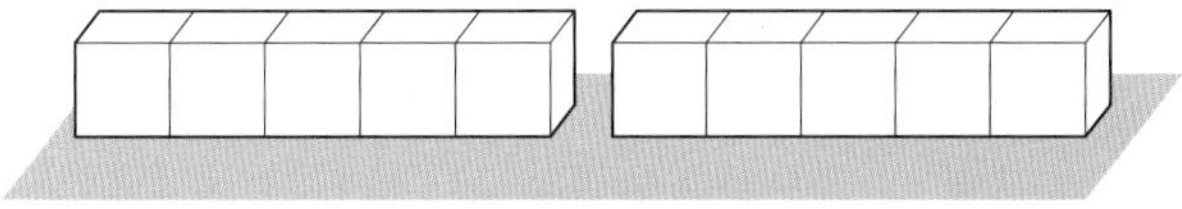

10は　5と　□

③

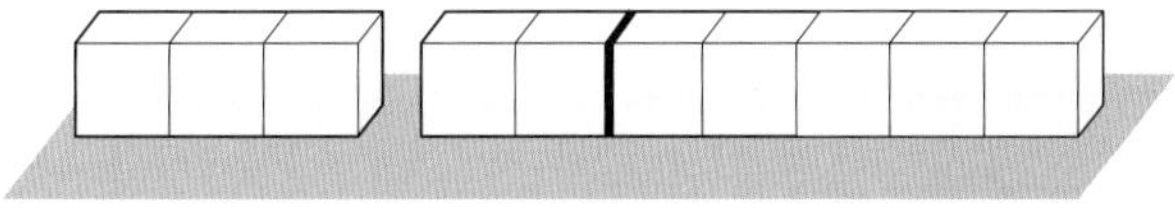

10は　3と　□

2　□に　かずを　かきましょう。

きょうかしょ30～31ページで　かんがえよう。

①

10	
4	

②

10	
8	

よくみて

③

6	4
10	

6と　4で
いくつに
なるか、
その　かずを
かこう。

④

1	9

ひんと
1　ぶろっくの　かずを　かぞえれば　わかるよ。
2　●を　10こ　かいて、かぞえよう。

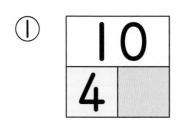

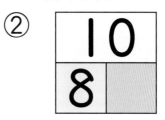

2 いくつと　いくつ

じかん 30 ぷん

／100

ごうかく 80 てん

きょうかしょ　上24～31ページ　こたえ　5ページ

知識・技能　／60てん

1 いちごが　6こ　あります。
ふくろに　いれたのは　なんこですか。　1つ6てん(12てん)

①

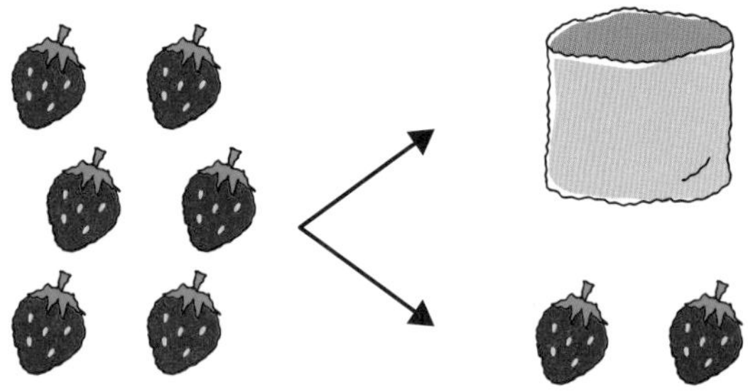

(　　　)こ

②

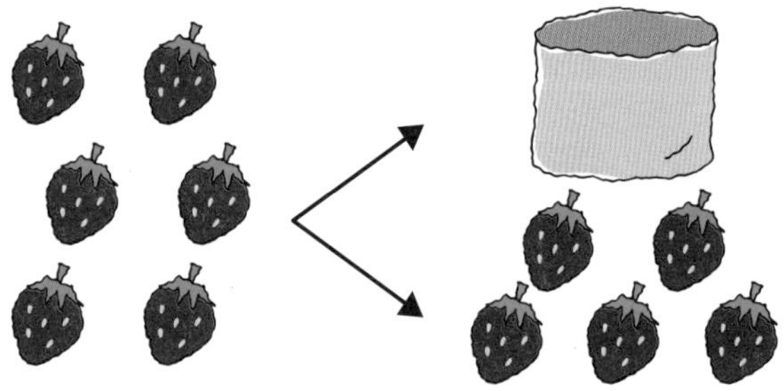

(　　　)こ

2 よく出る　□に　かずを　かきましょう。　1つ6てん(24てん)

①

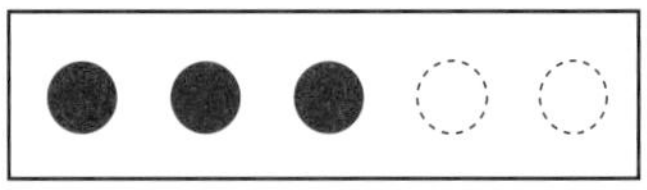

5は　3と　□

②

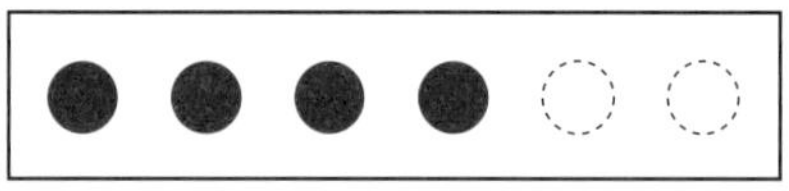

6は　4と　□

③

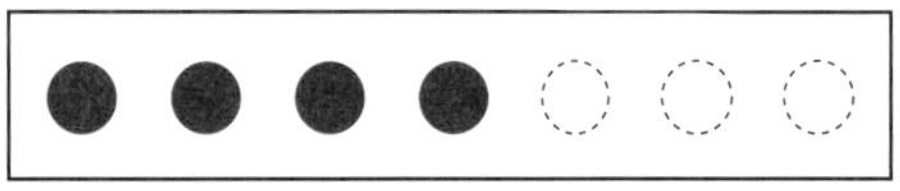

7は　4と　□

④

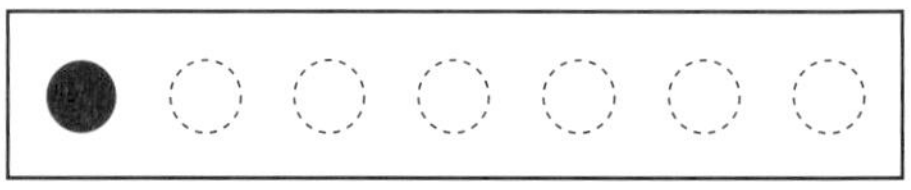

7は　1と　□

3 よく出る　8や　9を　2つの　かずに　わけます。
□に　かずを　かきましょう。　1つ6てん(24てん)

①

8	
5	

②

8	
	6

③

9	
5	

④

9	
	3

思考・判断・表現　／40てん

4 あわせて　10に　なるように、せんで
むすびましょう。　1つ5てん(25てん)

1	4	5	8	7
・	・	・	・	・
・	・	・	・	・
5	2	6	3	9

できたらすごい！

5 あわせて　8に　なる　かずを
さがして、□に　かきましょう。　1つ5てん(15てん)

□ と □

□ と □

□ と □

ふりかえり　1が　わからない　ときは、10ページの　1に　もどって
かくにんして　みよう。

3分でまとめ

がくしゅうび　月　日

3 なんばんめかな

なんばんめかな

きょうかしょ 上32～35ページ　こたえ 5ページ

ねらい

基点が変われば、順序を表す数値も変わることを学習します。 れんしゅう 1→

1  は　なんばんめですか。

① ひだりから 2 ばんめです。

② みぎから □ ばんめです。

どこから　かぞえるかで
かわってくるよ。

ねらい

順序を表す数と集まりを表す数の使い分けができるようにします。 れんしゅう 2→

2 えを　みて　こたえましょう。

① ひだりから　5にんめを
○で　かこみましょう。

② ひだりから　3にんを　□で
かこみましょう。

①は　ひとりだけ、
②は　3にんを
かこんでね。

がくしゅうび　　月　　日

★できた　もんだいには、「た」を　かこう！★

でき 1　でき 2

きょうかしょ 上32〜35ページ　こたえ 5ページ

1 えを　みて　こたえましょう。

きょうかしょ32ページ 1

① うえから　3にんめは
だれですか。

(　　　　　　)さん

② したから　3にんめは
だれですか。

(　　　　　　)さん

! まちがいちゅうい

2 くだものが　ならんでいます。

きょうかしょ34ページ 2

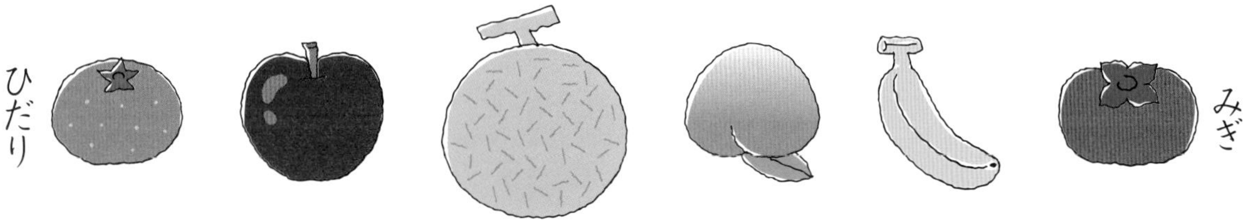

① ひだりから　3つを　○で　かこみましょう。

② ひだりから　3つめを　□で　かこみましょう。

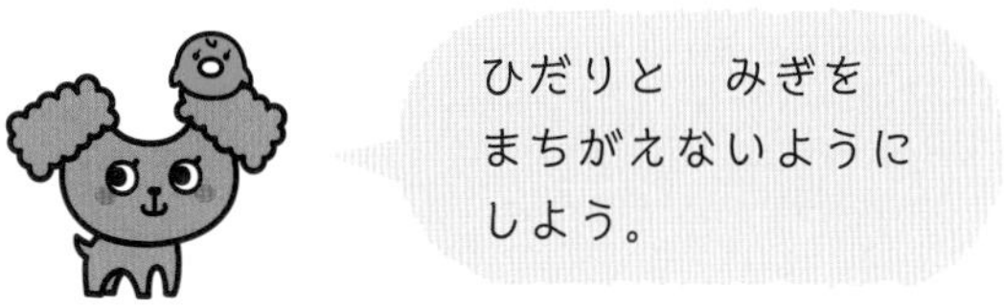

ひんと
1 ①は　としおさんから　したに、②は　よしみさんから　うえに　かぞえるよ。
2 ①は　3つとも　○で　かこむよ。②は　1つだけ　□で　かこむよ。

たしかめのテスト

3 なんばんめかな

じかん 30 ぷん

／100

ごうかく 80 てん

きょうかしょ 上32〜35ページ　こたえ 6ページ

知識・技能　／80てん

1 こどもを　○で　かこみましょう。　1つ10てん(20てん)

① まえから　4にん。

まえ

うしろ

② まえから　4にんめ。

まえ

うしろ

2 よく出る いろを　ぬりましょう。　1つ10てん(20てん)

① まえから　2わめ。

うしろ

まえ

② うしろから　3わ。

うしろ

まえ

3 よく出る　えを　みて　こたえましょう。

1つ10てん(40てん)

ひだり
きゅうり
なす
だいこん
にんじん
とまと
たまねぎ
みぎ

①  は　ひだりから　なんばんめですか。

(　　　)ばんめ

②  は　みぎから　なんばんめですか。

(　　　)ばんめ

③ ひだりから　3ばんめの　やさいは　なんですか。

(　　　　　　)

④ ひだりから　4ばんめの　やさいは、みぎから　なんばんめですか。

(　　　)ばんめ

思考・判断・表現　／20てん

できたらすごい!

4  の　ばしょを　こたえましょう。

(20てん)

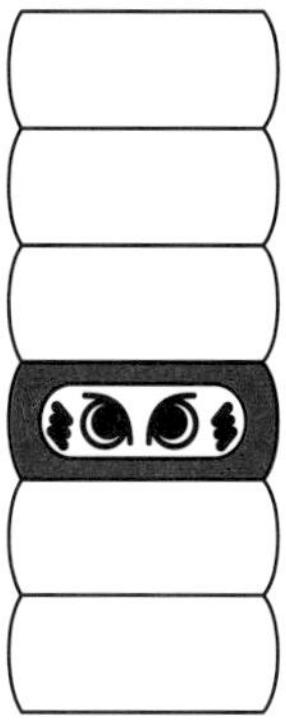

(　　　　　　　　　　)

ふりかえり　1が　わからない　ときは、16ページの　2に　もどって　かくにんして　みよう。

3分でまとめ

がくしゅうび　　月　　日

4 あわせて　いくつ　ふえると　いくつ

あわせて　いくつ

きょうかしょ 上36〜42ページ　こたえ 6ページ

ねらい

たし算の意味を理解し、式を書いて答えが求められるようにします。　れんしゅう ❶❷❸→

1 きんぎょは、あわせて　なんびきに　なりますか。

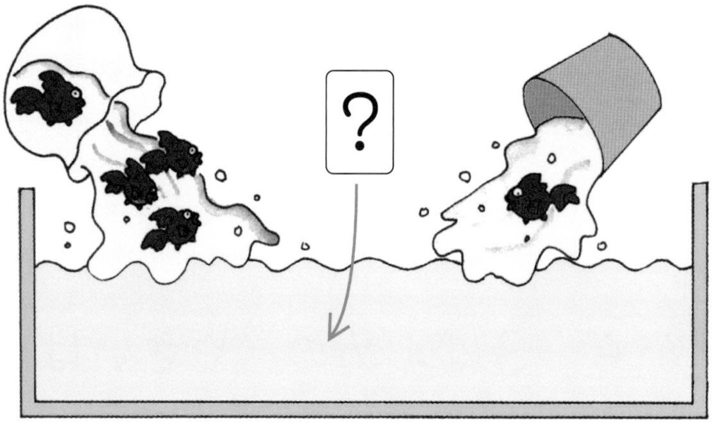
?

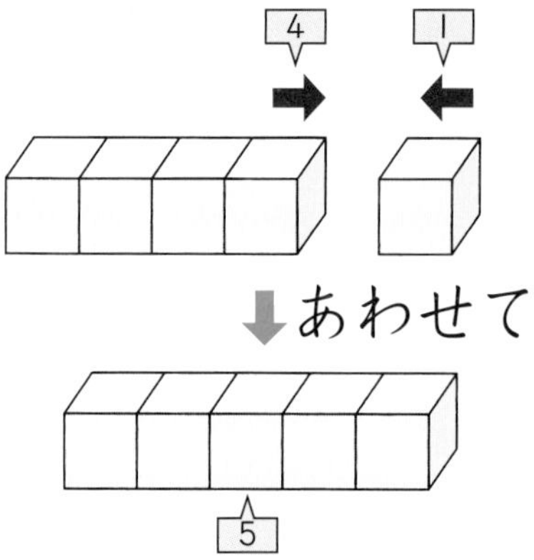
4
1
あわせて
5

4	1
5	

すいそうに
えを　かいて
みよう。

4と　1を　あわせると、5に　なります。

しき　4＋《たす》1＝《は》5

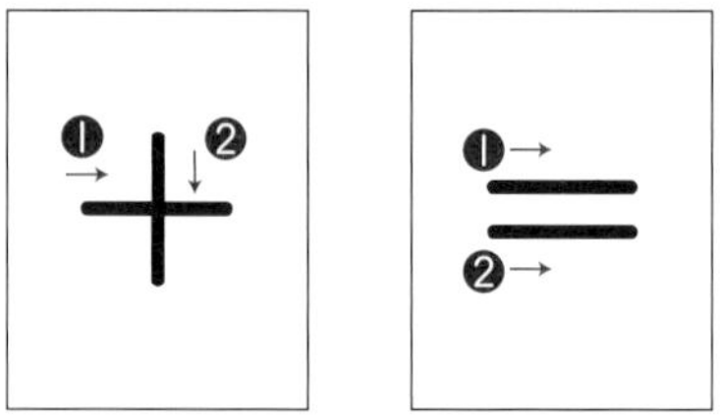
❶
❷
❶→
❷→

こたえ（　　　　）ひき

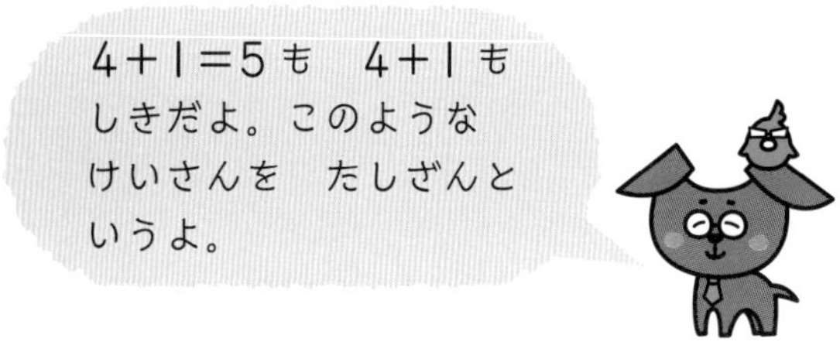
4＋1＝5も　4＋1も
しきだよ。このような
けいさんを　たしざんと
いうよ。

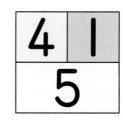

ぴったり2

れんしゅう

がくしゅうび　　月　　日

★できた　もんだいには、「た」を　かこう！★

でき ❶　でき ❷　でき ❸

きょうかしょ　上36〜42ページ　こたえ　6ページ

❶ みかんは、あわせて　なんこに　なりますか。

きょうかしょ37ページ 1

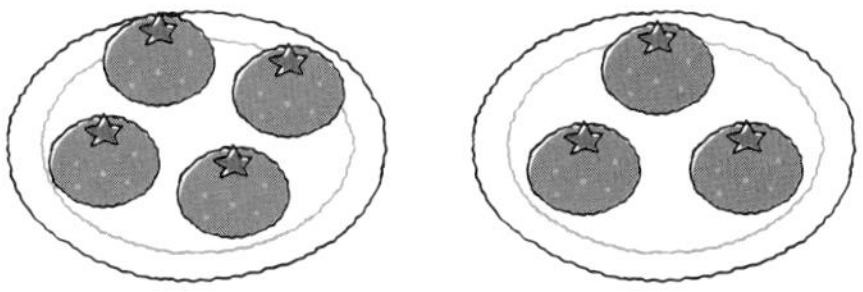

しき　4＋□＝□　　　こたえ（　　　）こ

❷ たしざんを　しましょう。

きょうかしょ39ページ 2、40ページ 1、41ページ 2

① 3＋2＝□　　② 1＋3＝□

③ 5＋4＝□　　④ 5＋2＝□

⑤ 4＋5＝□　　⑥ 3＋5＝□

よくよんで

❸ あかい　くるまが　5だい、しろい　くるまが　4だい　あります。

くるまは、ぜんぶで　なんだいに　なりますか。

きょうかしょ40ページ 3

えを　かいて
みよう。

しき □　　　こたえ（　　　）だい

ひんと　❸「ぜんぶで」は、「あわせて」と　おなじだよ。
ばめんを　えに　あらわして　かんがえよう。

ぴったり1 じゅんび

がくしゅうび　　月　　日

4 あわせて　いくつ　ふえると　いくつ

ふえると　いくつ

きょうかしょ　上43～50ページ　こたえ　7ページ

ねらい

たし算には、合併と増加の２つの場面があることを理解します。　れんしゅう 1 →

1 きんぎょは、ふえると　なんびきに　なりますか。

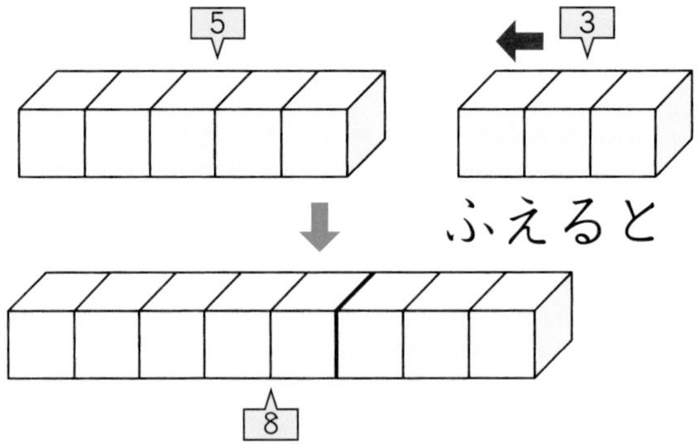

5　あります。3　ふえると、8に　なります。

しき　5＋□＝□　　　　こたえ（　　　）ぴき

ねらい

和が10までのたし算を、カードを使ってくり返し練習します。　れんしゅう 2 3 →

2 おもてと　うらを　せんで　むすびましょう。

おもて　3＋5　　2＋7　　6＋1　　4＋6

うら　7　　8　　10　　9

たしざんの　かあどの
うらには、おもての
こたえが　かいて
あるよ。

ぴったり2

れんしゅう

がくしゅうび　　月　　日

★できた　もんだいには、「た」を　かこう！★

でき ❶　でき ❷　でき ❸

きょうかしょ　上43～50ページ　　こたえ　7ページ

よくよんで

❶ すずめが　5わ　います。
　4わ　とんでくると、ぜんぶで　なんわに
なりますか。

きょうかしょ45ページ 2

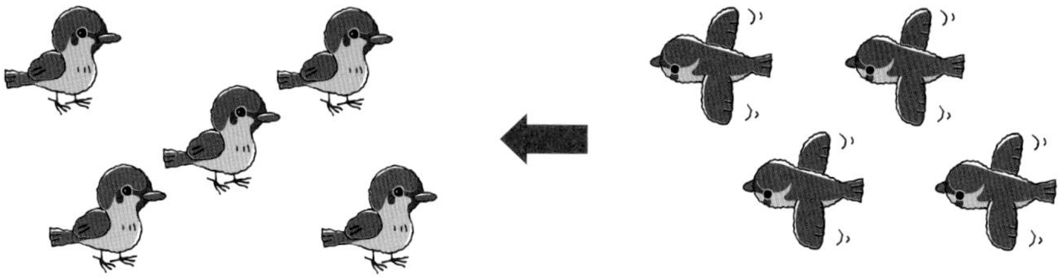

しき

こたえ（　　　）わ

❷ たしざんを　しましょう。

きょうかしょ45ページ 2、46ページ 1、47ページ 2

① $7+1=$ □　　② $3+6=$ □

③ $3+4=$ □　　④ $4+4=$ □

⑤ $4+6=$ □　　⑥ $7+3=$ □

❸ おなじ　こたえの　かあどを　えらびましょう。

きょうかしょ50ページで、たしざんを　しよう。

① 2＋5　（ い ）

② 7＋3　（　　）

③ 1＋8　（　　）

Ⓐあ 5＋4　　Ⓘい 4＋3

Ⓤう 2＋6　　Ⓔえ 6＋4

ひんと

❶「ふえると　いくつ」のときも、たしざんに　なるよ。
❸ こたえを　ちいさく　かいておくと、まちがえないよ。

ぴったり1

じゅんび

3分でまとめ

がくしゅうび　　月　　日

4 あわせて　いくつ　ふえると　いくつ

0の　たしざん
たしざん　えほん

きょうかしょ　上51～52ページ　こたえ　7ページ

ねらい

0の意味を知り、0の入ったたし算ができるようにします。　れんしゅう ❶❷ →

1 たまいれを　2かい　しました。
　はいった　たまの　かずを　あわせると　なんこに　なりますか。

①

1かいめ
2かいめ
ひろし

3＋1＝□

②

1かいめ
2かいめ
けいこ

3＋0＝□

2かいめは
0こと　かんがえるよ。

ねらい

たし算の意味をより深く理解するため、たし算のおはなしを作ります。　れんしゅう ❸ →

2 5＋2の　おはなしを　つくりましょう。

あかい　かさが
5 ほん
あります。

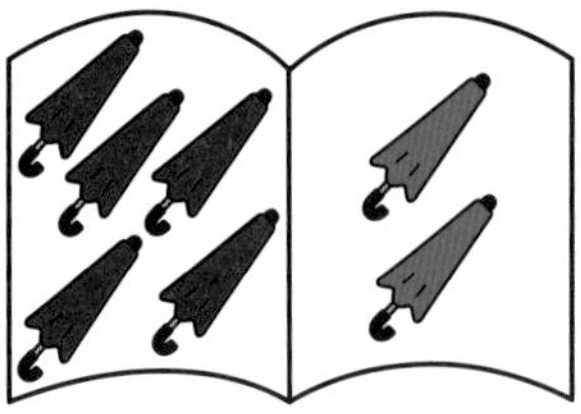

あおい　かさが
□ ほん
あります。

「あわせて　いくつ」の
おはなしだね。

かさは　あわせて
□ ほんに　なります。

ぴったり2
れんしゅう

がくしゅうび　　月　　日

★できた　もんだいには、「た」を　かこう！★

できた ❶　できた ❷　できた ❸

きょうかしょ　上51〜52ページ　こたえ　7ページ

❶ わなげを　2かい　しました。

はいった　わの　かずを　あわせると　なんこに　なりますか。

きょうかしょ51ページ 1

しき [　　　　]　　　こたえ（　　　）こ

❷ たしざんを　しましょう。

きょうかしょ51ページ 2

① 0+2=[　]　　② 6+0=[　]

③ 8+0=[　]　　④ 0+0=[　]

よくよんで

❸ たしざんの　おはなしを　つくりましょう。

きょうかしょ52ページで、たしざんの　おはなしを　かんがえよう。

・けしごむが [　] こ　あります。

・[　] こ　もらいます。

・けしごむは　ぜんぶで

[　] こに　なります。

ひんと
❶ 2かいめは　0こと　かんがえよう。
❷ 0+■=■　■+0=■　0+0=0　だよ。

ぴったり3

たしかめのテスト

4 あわせて　いくつ　ふえると　いくつ

じかん 30 ぷん

／100

ごうかく 80 てん

きょうかしょ　上36〜53ページ　こたえ　8ページ

知識・技能　／40てん

1 よく出る　たしざんを　しましょう。　1つ5てん(40てん)

① $1+7=\square$　② $4+2=\square$

③ $2+6=\square$　④ $0+5=\square$

⑤ $3+4=\square$　⑥ $9+0=\square$

⑦ $5+5=\square$　⑧ $8+2=\square$

思考・判断・表現　／60てん

2 さいころを　2こ　ふったら、
⚃と　⚅が　でました。
　でた　めの　かずを　あわせると、
いくつに　なりますか。

しき・こたえ1つ10てん(20てん)

しき　　　　　　　こたえ（　　　）

3 よく出る　えんぴつを　2ほん　もっていました。
おかあさんに　5ほん　もらいました。
えんぴつは、ぜんぶで　なんぼんに　なりましたか。

しき・こたえ1つ10てん(20てん)

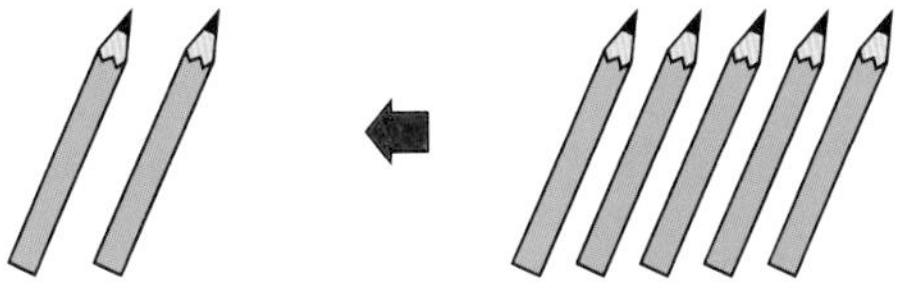

しき [　　　　]　　こたえ (　　　)ほん

4　4＋1の　しきに　なる　もんだいを
つくりましょう。

(10てん)

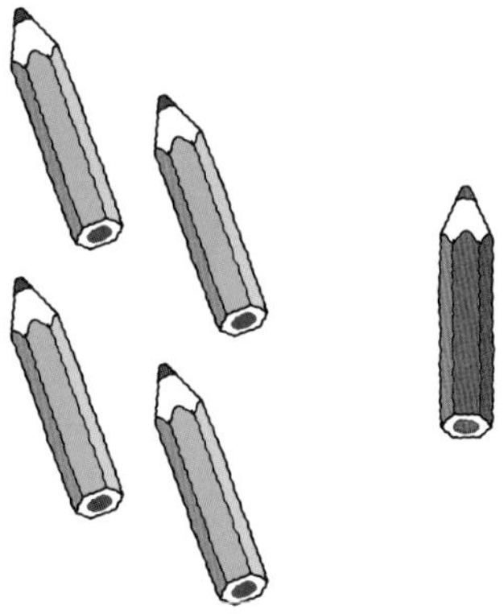

(　　　　　　　　　　　　)

できたらすごい!

5　おなじ　こたえに　なる　かあどを　ならべました。
□に　かずを　かきましょう。

1つ5てん(10てん)

	①	②
5＋3	4＋□	3＋□

ふりかえり　❶が　わからない　ときは、22ページの　❷に　もどって
かくにんして　みよう。

ふろくの「けいさんせんもんドリル」1～4も　やって　みよう!

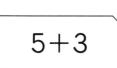

3分でまとめ

5　のこりは　いくつ　ちがいは　いくつ

のこりは　いくつ

きょうかしょ　上54～60ページ　こたえ　9ページ

ねらい
ひき算の意味を理解し、式を書いて答えが求められるようにします。　れんしゅう　1 2 3 →

1　きんぎょが　5ひき　います。
1ぴき　とりました。
のこりは　なんびきに　なりましたか。

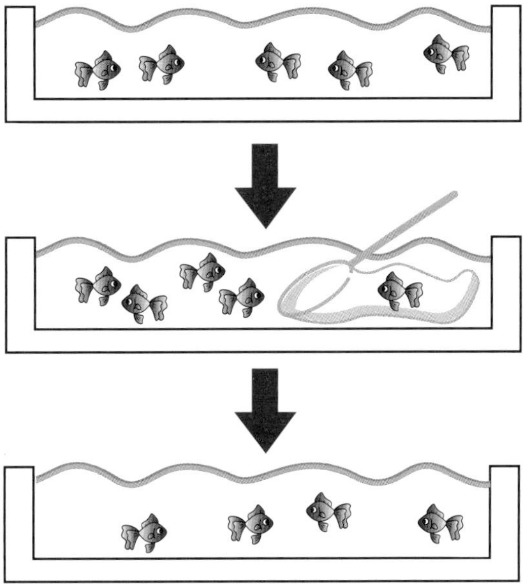

かずが
へっているね。

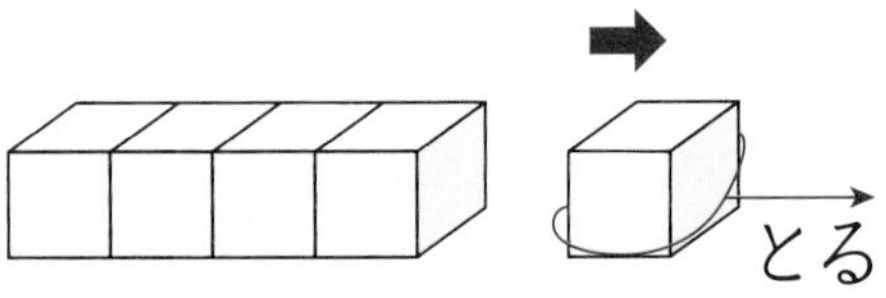
とる

5	
4	1

5から　1を　とると、のこりは　4です。

しき　5ー《ひく》1＝《は》4

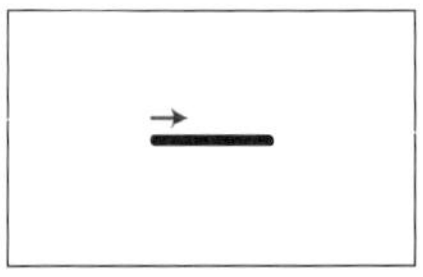

5ー1のような　けいさんを
ひきざんと　いうよ。

こたえ（　　　　）ひき

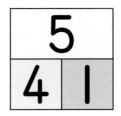

★できた　もんだいには、「た」を　かこう！★

でき ①　でき ②　でき ③

きょうかしょ　上54〜60ページ　こたえ　9ページ

① のこりは　なんわに　なりますか。

きょうかしょ55ページ 1

しき　7−□＝□　　　　こたえ（　　　）わ

② ひきざんを　しましょう。

きょうかしょ57ページ 2、58ページ 1、59ページ 2、60ページ 2

① 4−3＝□　　② 7−2＝□

③ 9−5＝□　　④ 8−6＝□

⑤ 10−2＝□　　⑥ 10−7＝□

よくよんで

③ こどもが　10にん　います。
おんなのこは　4にんです。
おとこのこは　なんにんですか。

きょうかしょ60ページ 4

しき □　　　　こたえ（　　　）にん

ひんと
② ①「4は　3と　□」の　□に　あてはまる　かずが　こたえだよ。
③ おんなのこを　のぞいた　のこりが　おとこのこだね。

ぴったり1 **じゅんび**

がくしゅうび　　月　　日

5 のこりは　いくつ　ちがいは　いくつ
0の　ひきざん

きょうかしょ　上61ページ　こたえ　9ページ

ねらい
ひく数が0、ひいた答えが0になるひき算を理解します。

れんしゅう 1 2 →

1 すいそうから　きんぎょを　とります。
のこりは　なんびきに　なりますか。

①

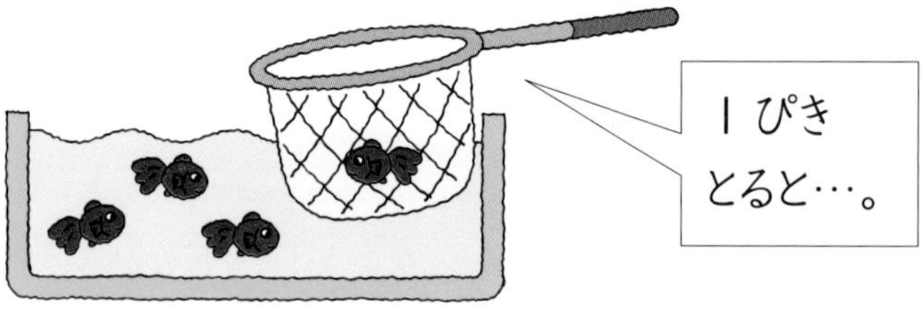
1ぴき
とると…。

$4-1=$ □

②

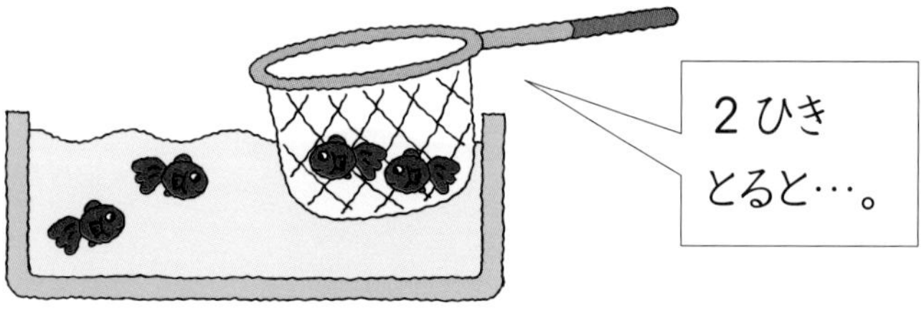
2ひき
とると…。

$4-2=$ □

③

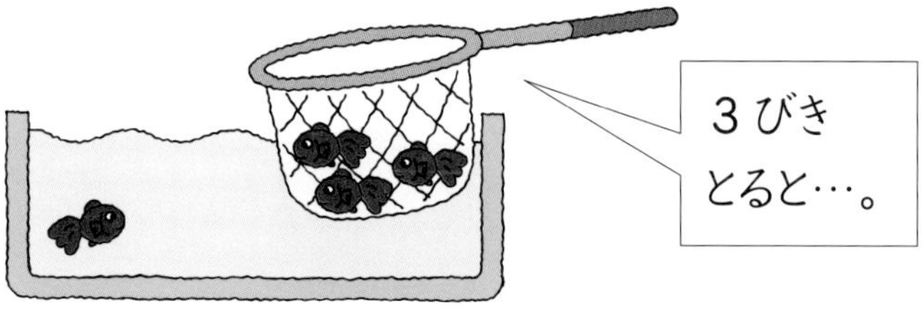
3びき
とると…。

$4-3=$ □

④

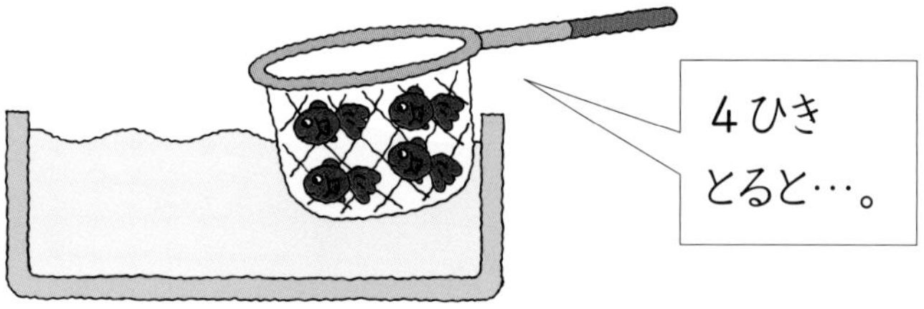
4ひき
とると…。

$4-4=0$

0ひき　とったと
かんがえるよ。

⑤

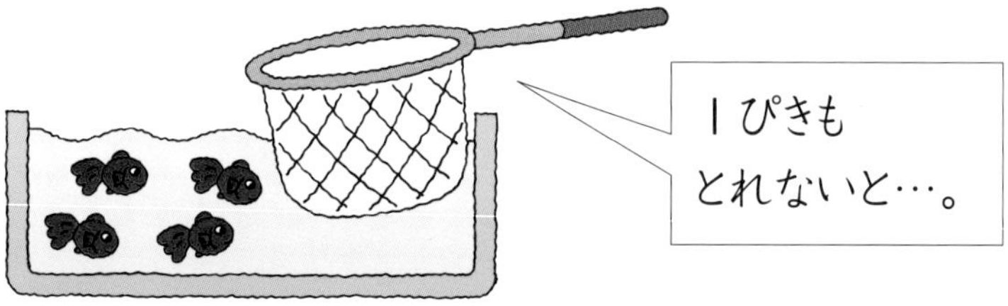
1ぴきも
とれないと…。

$4-0=$ □

ぴったり2

れんしゅう

がくしゅうび　　月　　日

★できた　もんだいには、「た」を　かこう！★

① でき　② でき

きょうかしょ　上61ページ　こたえ　9ページ

よくよんで

1 すなばで　こどもが　8にん　あそんでいました。8にん　かえりました。
のこりは　なんにんに　なりましたか。

きょうかしょ61ページ 1

しき ［　　　　］　　こたえ（　　　）にん

2 ひきざんを　しましょう。

きょうかしょ61ページ 1▸

① $6-6=$ □　　② $3-3=$ □

③ $8-8=$ □　　④ $2-0=$ □

⑤ $5-0=$ □　　⑥ $0-0=$ □

ひんと
① ひとりも　いないことを　0にんと　あらわすよ。
② おなじ　かずを　ひくと、こたえは　0に　なります。

ぴったり1 じゅんび

がくしゅうび　　月　　日

5 のこりは　いくつ　ちがいは　いくつ

ちがいは　いくつ ひきざん　えほん

きょうかしょ　上62〜68ページ　こたえ　10ページ

ねらい

ちがいを求める場合も、ひき算を用いることを理解します。　れんしゅう ❶❷→

1 しろい　はなは　あかい　はなより、なんぼん　すくないですか。

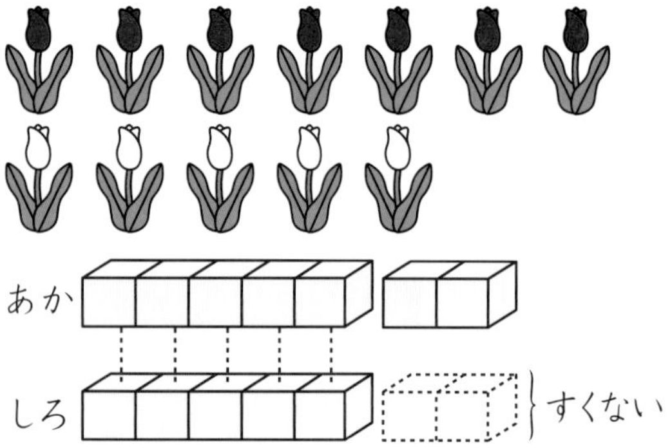

せんで　むすんで
たりない　かずが
すくない　かずだね。

5は　7より　2　すくないです。

しき　7−□＝□

こたえ（　　）ほん　すくない

ねらい

ひき算のおはなしを作って、ひき算の理解を深めます。　れんしゅう ❸→

2 7−3の　おはなしを　つくりましょう。

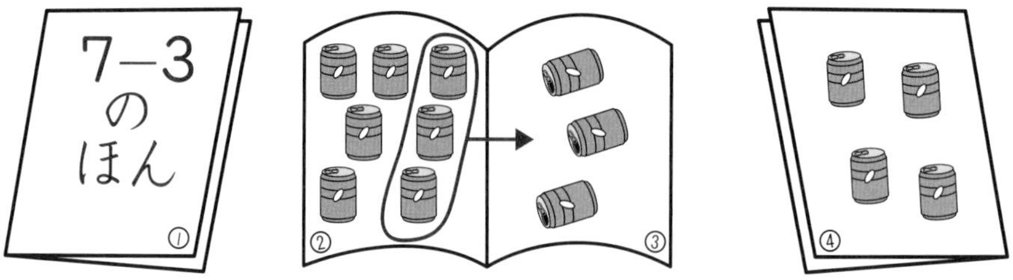

・じゅうすが　7　ほん　ありました。

・□ぼん　のみました。

・のこりは　□　ほんです。

「のこりは　いくつ」の
おはなしだね。

ぴったり2

れんしゅう

がくしゅうび　　月　　日

★できた　もんだいには、「た」を　かこう！★

① でき　② でき　③ でき

きょうかしょ　上62～68ページ　こたえ　10ページ

1 あかい　ぼうしは　しろい　ぼうしより、なんこ　すくないですか。

きょうかしょ62ページ 1

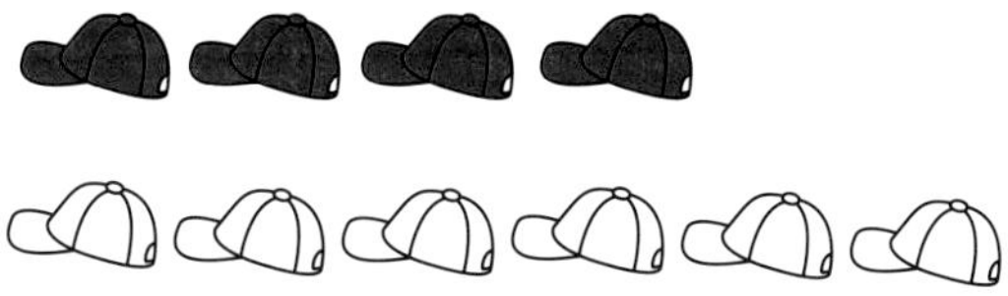

しき

こたえ（　　　）こ　すくない

よくよんで

2 せみと　とんぼでは　どちらが　なんびき　おおいですか。

きょうかしょ63ページ 2

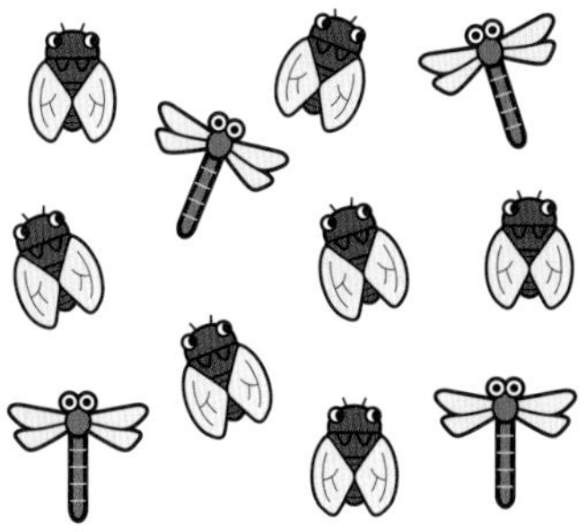

しき

こたえ（　　　）が（　　　）びき　おおい

3 4－2の　おはなしを　つくりましょう。

きょうかしょ68ページで、ひきざんの　もんだいを　かんがえよう。

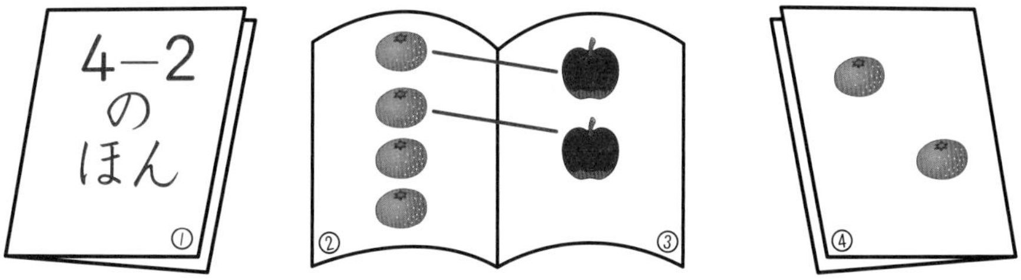

・みかんが　4こ　あります。

・りんごが　□　こ　あります。

・みかんが　□　こ　□　です。

ひんと

① しきは、おおきい　かずから　ちいさい　かずを　ひくよ。

② こたえかたに　きを　つけよう。

ぴったり3

たしかめのテスト

5 のこりは　いくつ　ちがいは　いくつ

じかん 30 ぷん

／100

ごうかく 80 てん

きょうかしょ　上54〜69ページ　こたえ　10ページ

知識・技能　／40てん

1 よく出る　ひきざんを　しましょう。　1つ5てん(40てん)

① 9−6=□　② 5−2=□

③ 9−9=□　④ 6−5=□

⑤ 8−0=□　⑥ 10−7=□

⑦ 7−2=□　⑧ 6−3=□

思考・判断・表現　／60てん

2 こどもが　8にん　あそんでいました。
こどもが　3にん　かえりました。
のこりは　なんにんに　なりましたか。

しき・こたえ1つ10てん(20てん)

しき □

こたえ（　　　）にん

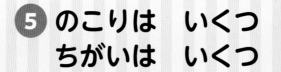

3 よく出る　あかい　おはじきと　しろい
おはじきでは、どちらが　なんこ　おおいですか。

しき・こたえ1つ10てん(20てん)

しき　[　　　　　　　　]

こたえ（　　　　　）おはじきが（　　　）こ　おおい

4 6−2の　しきに　なる　もんだいを
つくりましょう。

(10てん)

（　　　　　　　　　　　　　　　　）

できたらすごい！

5 おなじ　こたえに　なる　かあどを　ならべました。
□に　かずを　かきましょう。

1つ5てん(10てん)

	①	②
7−5	8−□	9−□

ふりかえり　1が　わからない　ときは、30ページの　1に　もどって
かくにんして　みよう。

このほんの　おわりに　ある「なつの　チャレンジテスト」を　やって　みよう！

ふろくの「けいさんせんもんドリル」5～9も　やって　みよう！

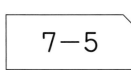

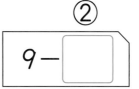

3分でまとめ

6 いくつ　あるかな

いくつ　あるかな

きょうかしょ　上72～73ページ　こたえ　11ページ

ねらい

資料を簡単なグラフに整理できるようにします。 れんしゅう 1→

1 どうぶつの　かずを　しらべましょう。

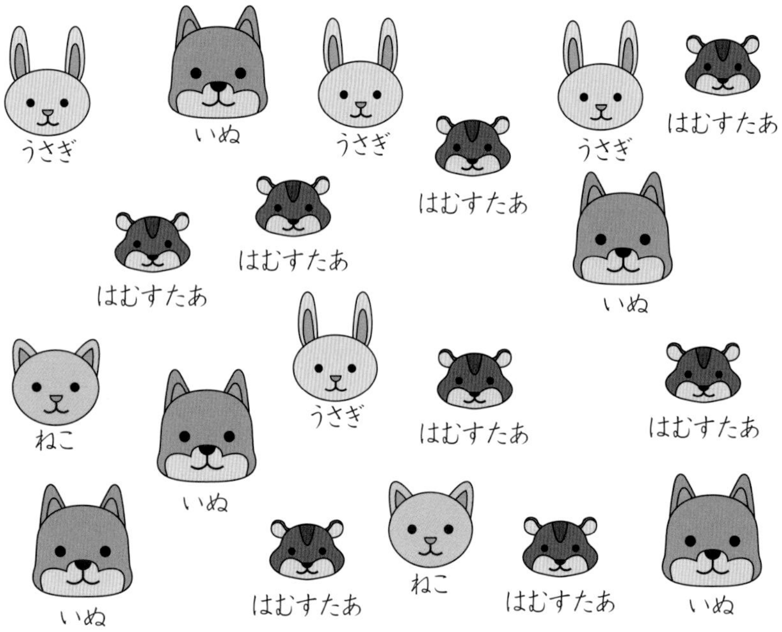
うさぎ
いぬ
うさぎ
はむすたあ
うさぎ
はむすたあ
はむすたあ
はむすたあ
いぬ
ねこ
いぬ
うさぎ
はむすたあ
はむすたあ
いぬ
はむすたあ
ねこ
はむすたあ
いぬ

したから　ぬるよ。
うさぎ
ねこ
いぬ
はむすたあ

① どうぶつの　かずだけ　いろを　ぬりましょう。

② いちばん　おおい　どうぶつは、[　　　　]です。

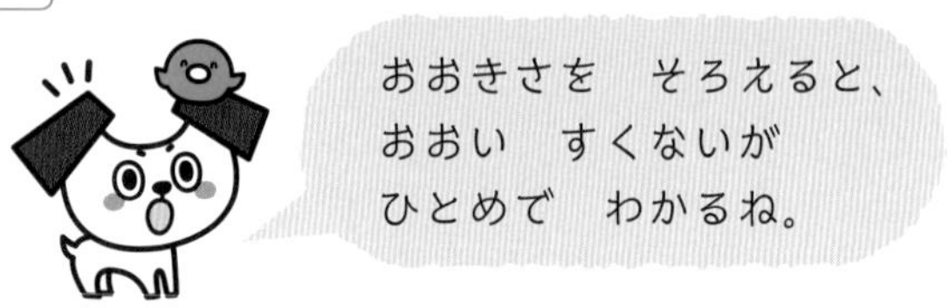
おおきさを　そろえると、
おおい　すくないが
ひとめで　わかるね。

③ 5ひき　いる　どうぶつは、[　　　　]です。

★できた　もんだいには、「た」を　かこう！★

でき
1

きょうかしょ　上72～73ページ　こたえ　11ページ

1 やさいの　かずだけ　いろを　ぬって　こたえましょう。

きょうかしょ72ページ 1

たまねぎ
じゃがいも
にんじん
たまねぎ
じゃがいも
たまねぎ
ぴいまん
ぴいまん
たまねぎ
じゃがいも
じゃがいも
じゃがいも
にんじん
にんじん
ぴいまん
たまねぎ
じゃがいも
たまねぎ
じゃがいも
たまねぎ
ぴいまん
じゃがいも

じゃがいも
ぴいまん
にんじん
たまねぎ

かぞえおわった　やさいは
しるしを　つけておこう。

① いちばん　すくない
やさいは、なんですか。

（　　　　　　）

② 7この　やさいは、
なんですか。

（　　　　　　）

よくみて

③ じゃがいもと　ぴいまんの　ちがいは
なんこですか。

（　　　　　　）こ

ひんと　いろを　ぬったら、なまえの　ところに　かずを　かいておくと　いいよ。

ぴったり1

じゅんび

3分でまとめ

がくしゅうび　　月　　日

7　10より　おおきい　かずを　かぞえよう

20までの　かず たしざんと　ひきざん(1)

きょうかしょ　上74～83ページ　こたえ　11ページ

ねらい

10から20までの数の数え方、書き方がわかるようにします。　れんしゅう 1 2 →

1 かずを　かぞえましょう。

①

12 ひき

②

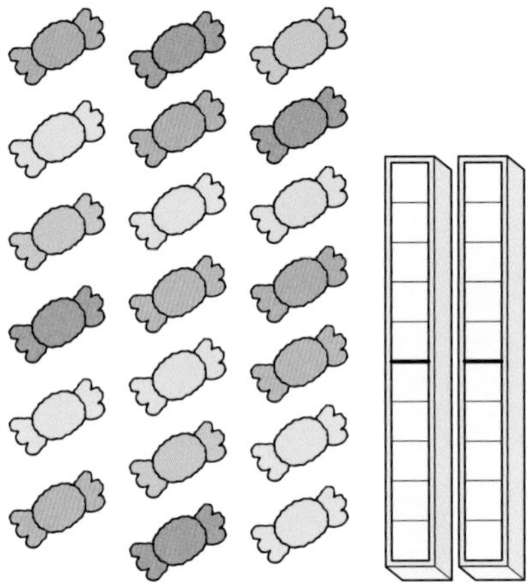

□ こ

ねらい

十といくつの数の構成をもとにした、たし算ができるようにします。　れんしゅう 3 4 →

2 けいさんを　しましょう。

①　10に　4を　たすと、

10＋4＝14

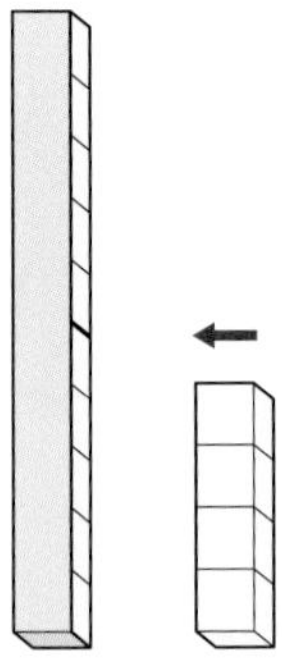

②　13＋2＝15

13 → 10　3

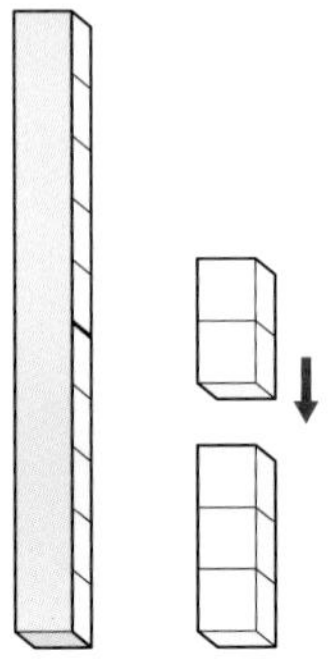

13は　10と3。
10と　3と　2で…。

ぴったり2

れんしゅう

がくしゅうび　月　日

★できた　もんだいには、「た」を　かこう！★

でき 1　でき 2　でき 3　でき 4

きょうかしょ　上74～83ページ　こたえ　11ページ

1 □に　かずを　かきましょう。

きょうかしょ79ページ 3

① 10と　3で　□。　② 10と　9で　□。

③ 12は　□と　2。　④ 18は　10と　□。

2 おおきい　ほうに　○を　つけましょう。

きょうかしょ80ページ 1

① 11 と 8　② 15 と 19

3 けいさんを　しましょう。

きょうかしょ82ページ 1

① 10＋1＝□　② 10＋6＝□

③ 10＋5＝□　④ 10＋9＝□

4 けいさんを　しましょう。

きょうかしょ83ページ 1

！まちがいちゅうい

① 11＋4＝□　② 14＋2＝□

③ 12＋7＝□　④ 16＋1＝□

ひんと

2 1から　20までの　かずを、ちいさい　じゅんに　かいてみよう。

4 ①　11を、10と　1に　わけて　かんがえよう。

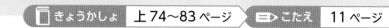

ぴったり1 じゅんび

3分でまとめ

7 10より　おおきい　かずを　かぞえよう

たしざんと　ひきざん(2)
20より　おおきい　かず

きょうかしょ　上82～85ページ　こたえ　12ページ

ねらい

十といくつの数の構成をもとにした、ひき算ができるようにします。 れんしゅう 1 2 →

1 けいさんを　しましょう。

① 14から　4を　ひくと、

14－4＝□

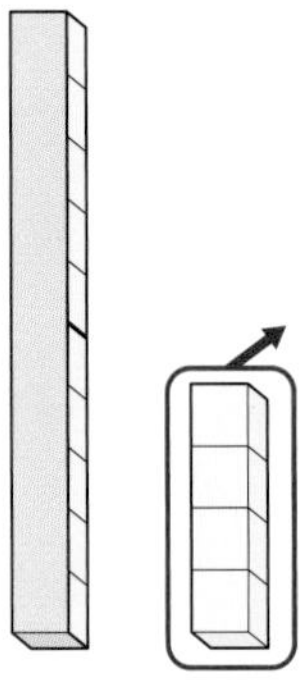

② 16－2＝□

16 → 10　6

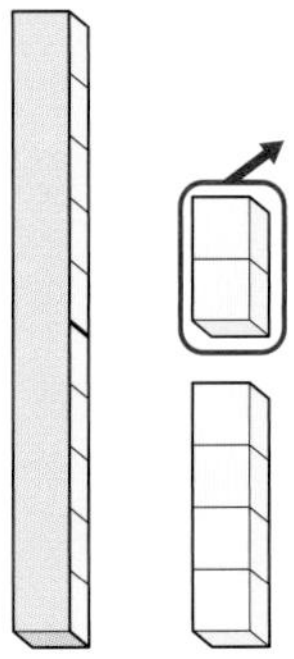

ねらい

二十いくつ、三十いくつの数の数え方、読み方、書き方がわかるようにします。 れんしゅう 3 →

2 かずを　かぞえましょう。

①

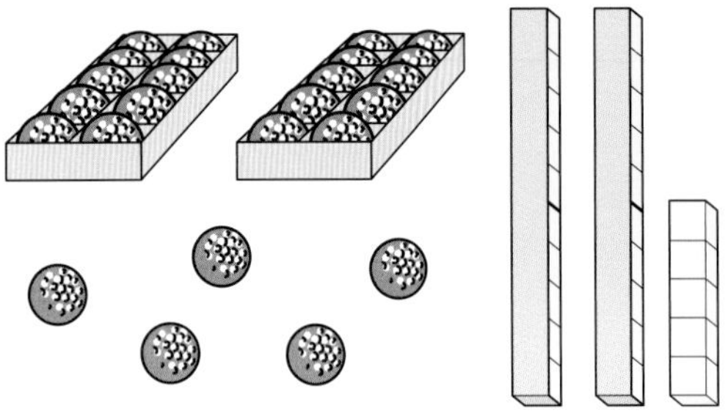

20　と　5

□ こ

にじゅうご

②

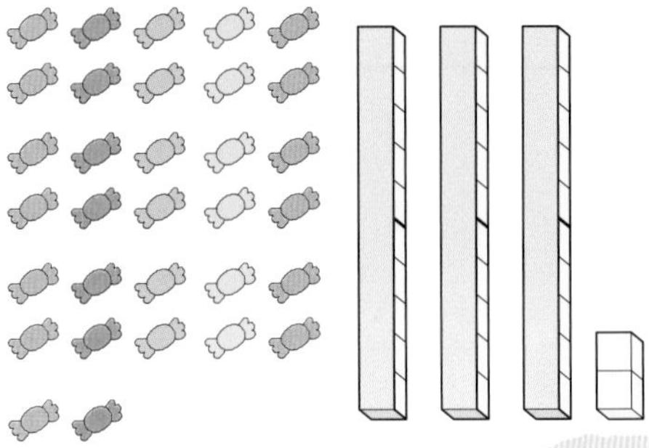

30　と　2

□ こ

さんじゅうに

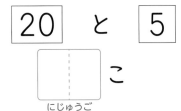

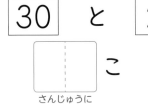

★できた　もんだいには、「た」を　かこう！★

1 でき　2 でき　3 でき

きょうかしょ　上82〜85ページ　こたえ　12ページ

1 けいさんを　しましょう。

きょうかしょ82ページ 1、83ページ 1

① 17−7＝□　　② 11−1＝□

③ 16−2＝□　　④ 19−8＝□

2 あめが　14こ　あります。
3こ　あげると　のこりは　なんこに　なりますか。

きょうかしょ83ページ 2

しき □

こたえ（　　）こ

3 かずを　かぞえましょう。

きょうかしょ84ページ 1

①

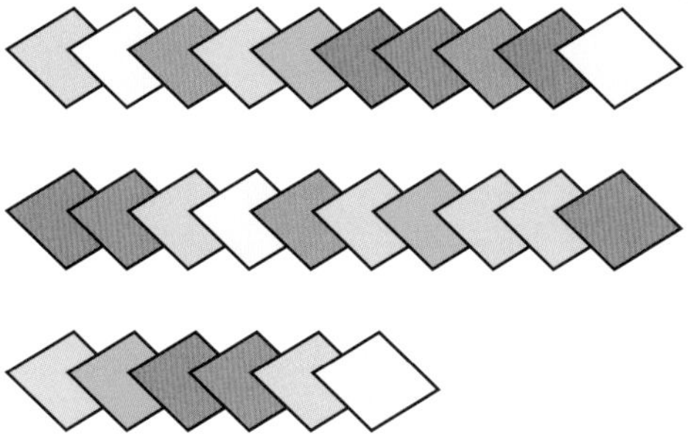

□まい

！まちがいちゅうい

②

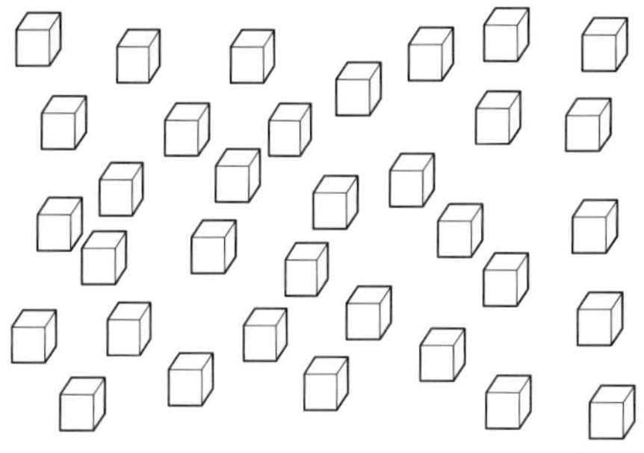

□こ

ひんと
2 「のこりは　いくつ」だから、ひきざんに　なるよ。
3 ②　ぶろっくを　10ずつに　まとめてみよう。

ぴったり3

たしかめのテスト

7 10より　おおきい　かずを　かぞえよう

じかん 30 ぷん

／100

ごうかく 80 てん

きょうかしょ　上74〜85ページ　こたえ　12ページ

知識・技能　／90てん

1 かずを　かぞえましょう。　(5てん)

(　　　)こ

2 よく出る　□に　かずを　かきましょう。　1つ5てん(20てん)

① 10と　3で　□。

② 10と　□で　19。

③ 16は、10と　□。

④ 23は、20と　□。

3 □に　かずを　かきましょう。　□1つ5てん(20てん)

① 17　16　□　14　□

② 15　16　□　18　□

がくしゅうび　月　日

できたらすごい！

4 おおきい　じゅんに、かずを　ならべましょう。

(5てん)

| 13 | 9 | 17 | 12 |

(　　→　　→　　→　　)

5 よく出る　けいさんを　しましょう。

1つ5てん(40てん)

① $10+2=$ □　　② $10+8=$ □

③ $13-3=$ □　　④ $19-9=$ □

⑤ $11+3=$ □　　⑥ $14+4=$ □

⑦ $15-1=$ □　　⑧ $17-5=$ □

思考・判断・表現　／10てん

6 ちょこれえとが　18こ　あります。
5こ　たべると　のこりは　なんこに　なりますか。

しき・こたえ1つ5てん(10てん)

しき □

こたえ (　　　　) こ

ふろくの「けいさんせんもんドリル」10～11も　やって　みよう！

ふりかえり　1が　わからない　ときは、38ページの　1に　もどって
かくにんして　みよう。

ぴったり1 じゅんび

8 なんじ なんじはん

なんじ　なんじはん

がくしゅうび　　月　　日

3分でまとめ

きょうかしょ 上86～87ページ　こたえ 13ページ

ねらい

時計を見て、何時が読めるようにします。　れんしゅう ①③→

1 とけいを　よみましょう。

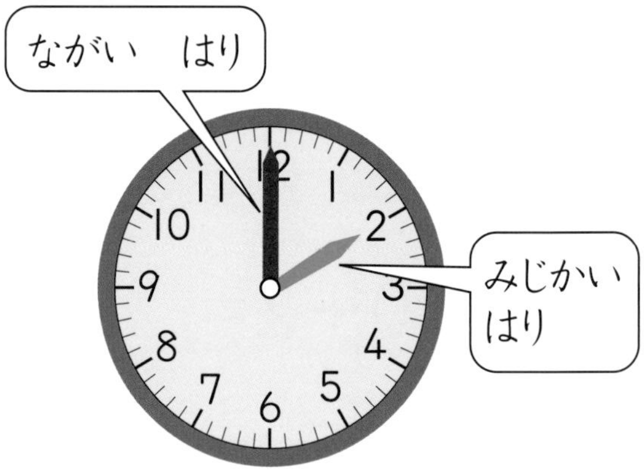

みじかい　はりが

［2］で、

ながい　はりが

［12］だから、［　］じ。

みじかい　はりの
すうじを　よもう。

ねらい

時計を見て、何時半が読めるようにします。　れんしゅう ②③→

2 とけいを　よみましょう。

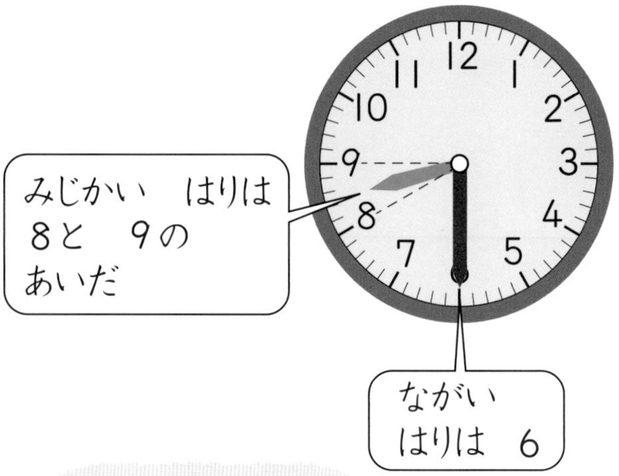

みじかい　はりが

8と　9の　あいだで、

ながい　はりが

［　］だから、

［8］じ［はん］。

↑
みじかい　はりが
とおりすぎた　ほうの
すうじを　よむ。

ながい　はりが　6の
ときは、「～じはん」と
よむんだよ。
はんぶんの　はんだね。

ぴったり2
れんしゅう

がくしゅうび　月　日

★できた　もんだいには、「た」を　かこう！★

でき ❶　でき ❷　でき ❸

きょうかしょ　上86〜87ページ　こたえ　13ページ

❶ とけいを　よみましょう。

きょうかしょ87ページで、とけいの　よみかたを　まなぼう。

①

（　　　）じ

②

（　　　）じ

❷ とけいを　よみましょう。

きょうかしょ87ページで、とけいの　よみかたを　まなぼう。

よくみて

①

（1じはん）

②

（　　　）

③

（　　　）

まちがいちゅうい

❸ ながい　はりを　かきましょう。

きょうかしょ87ページ 2

①　3じ

②　7じはん

ひんと

❷ ながい　はりが　6のときは、「○じはん」と　よむよ。
③　みじかい　はりが　とおりすぎた　すうじを　よもう。

がくしゅうび　　月　　日

かたちあそび

3分でまとめ

きょうかしょ　下2～5ページ　　こたえ　13ページ

ねらい

立体の特徴をとらえて、分類できるようにします。　　れんしゅう 1→

1 にている　かたちの　なかまを　えらびましょう。

あ
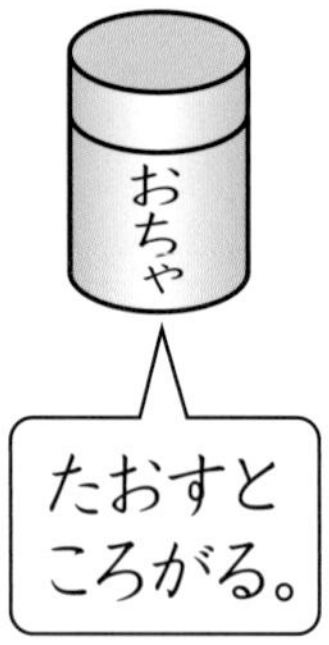
おちゃ
たおすと
ころがる。

い
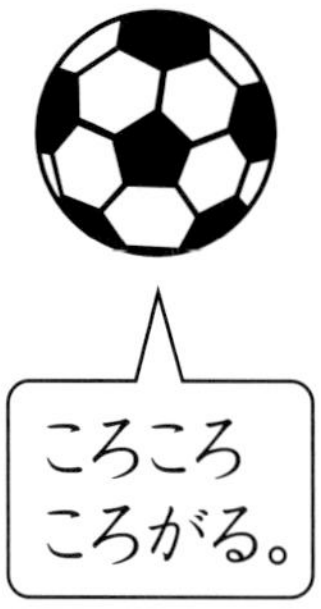
ころころ
ころがる。

う
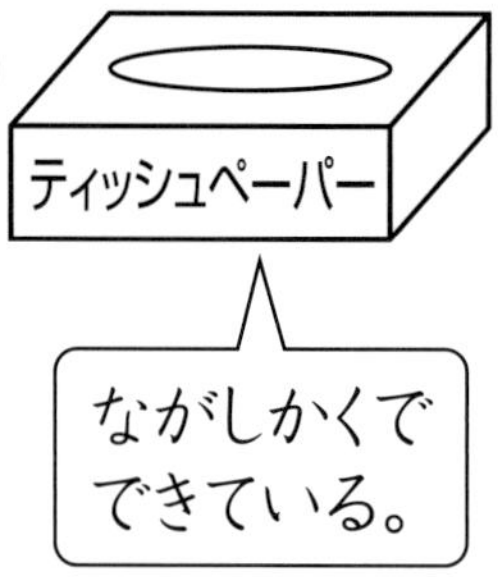
ティッシュペーパー
ながしかくで
できている。

え
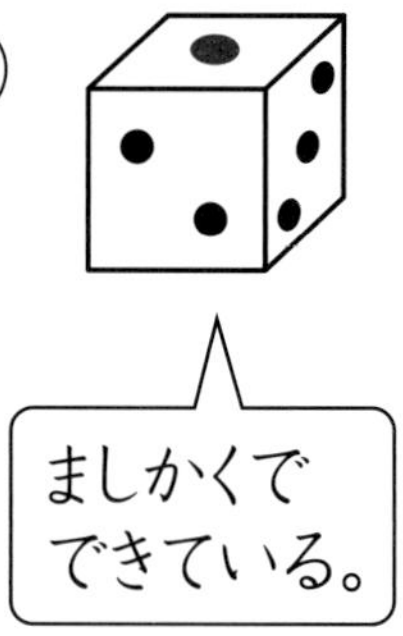
ましかくで
できている。

① 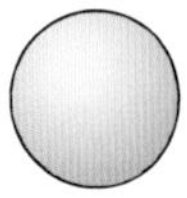
（ い ）

② 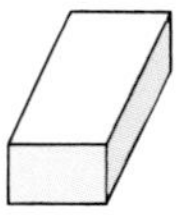
（　　）

③ 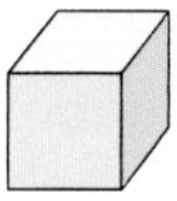
（　　）

④ 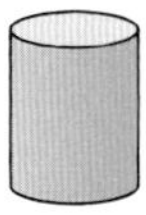
（　　）

ねらい

立体を構成する面の形がわかるようにします。　　れんしゅう 2→

2 1の　あ、い、う、えを　つかって　かたちを
うつしました。どれを　つかいましたか。

① 
（ う ）

② 
（　　）

③ 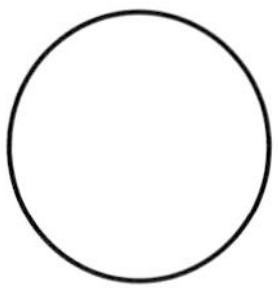
（　　）

ボ《ぼ》ール《る》で
うつせるかな？

ましかくは
さいころの　かたちだね。

ぴったり2

れんしゅう

がくしゅうび　　月　　日

★できた　もんだいには、「た」を　かこう！★

1 でき　2 でき

きょうかしょ　下2～5ページ　　こたえ　13ページ

1 えを　見《み》て　こたえましょう。

きょうかしょ2～4ページで、かたちについて　かんがえよう。

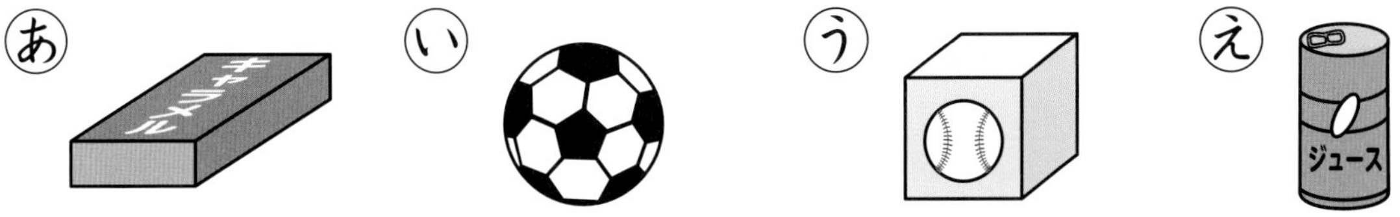

① ころがる　かたちは　どれですか。

（　　　　　）

② つむ　ことが　できる　かたちは　どれですか。

（　　　　　）

③ たいらな　ところが　ない　かたちは　どれですか。

（　　　）

よくみて

2 かみに　かたちを　うつすと　どのように　なりますか。せんで　むすびましょう。

きょうかしょ5ページ 5

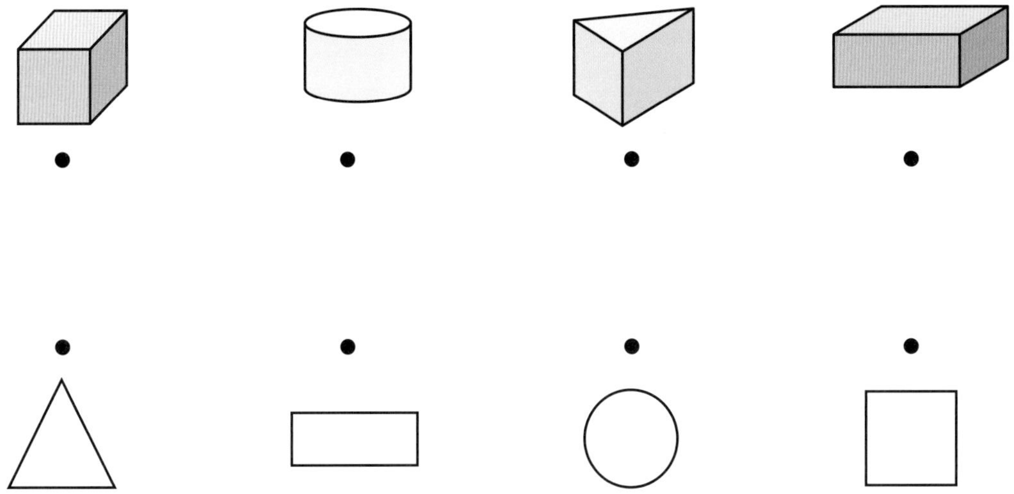

ひんと

1 ② たいらな　ところが　あるかどうか　たしかめよう。

2 つみきを　つかって　やってみよう。

ぴったり3

たしかめのテスト

9 かたちあそび

じかん 30 ぷん

／100

ごうかく 80 てん

きょうかしょ 下 2～5 ページ　こたえ 14 ページ

知識・技能　／32てん

1 よく出る　おなじ　かたちの　ものを　せんで
むすびましょう。

1つ8てん(32てん)

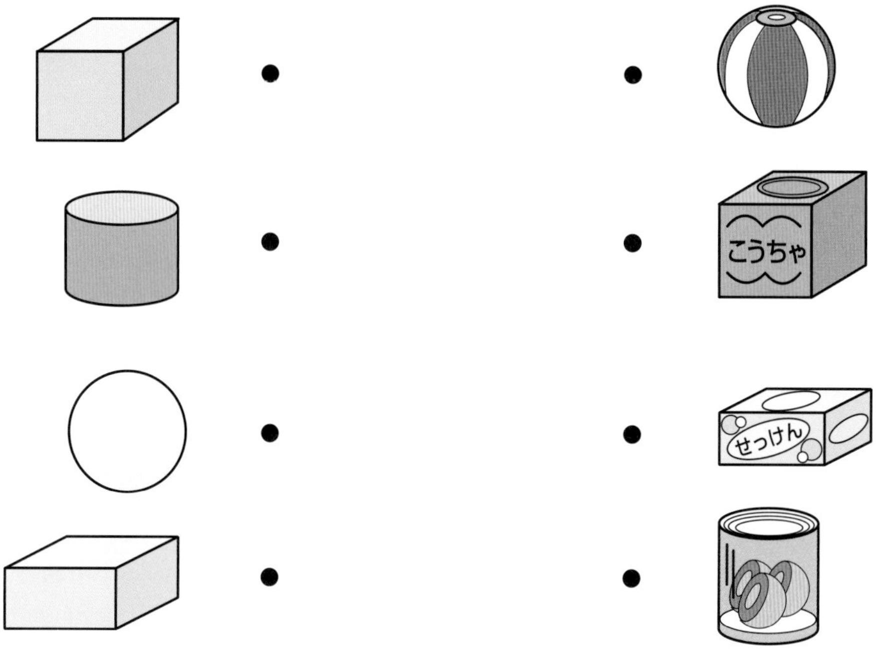

思考・判断・表現　／68てん

2 おなじ　なかまの　かたちを　いくつ
つかいましたか。

1つ8てん(24てん)

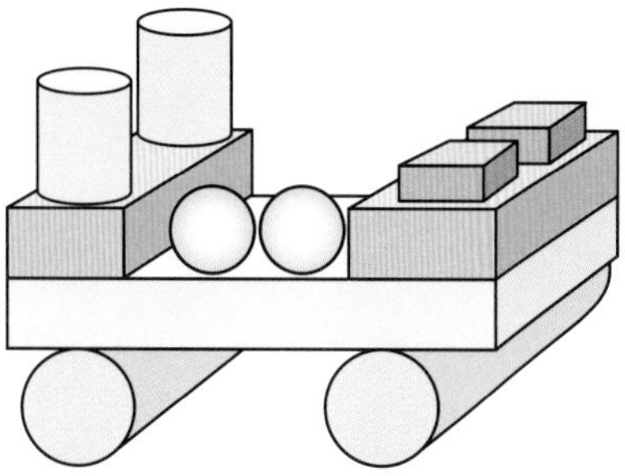

① 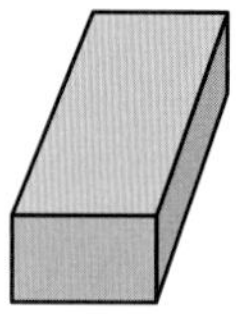　(　　　)つ

② 　(　　　)つ

③ 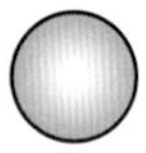　(　　　)つ

3 ちがう　かたちの　ものは　どれですか。　(10てん)

あ 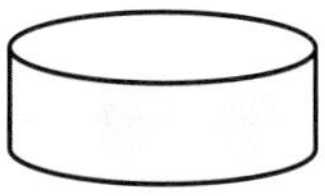 い 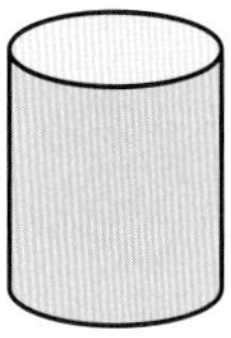 う 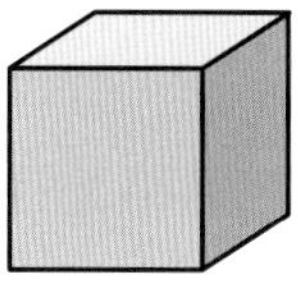 え 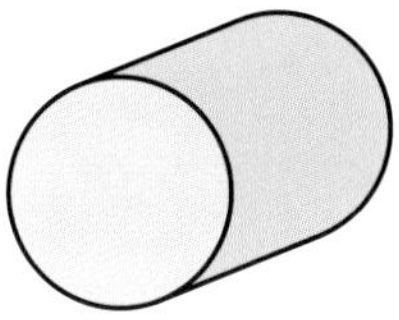

(　　　)

4 よく出る　かたちを　うつして　かきました。
下《した》の　どれを　つかいましたか。　1つ8てん(24てん)

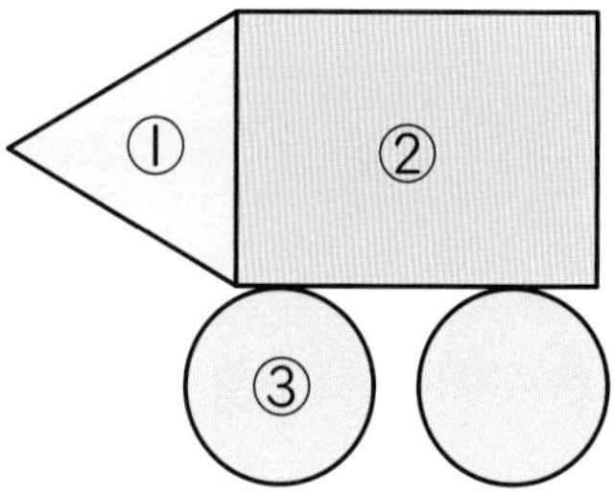

①（　　　）

②（　　　）

③（　　　）

あ 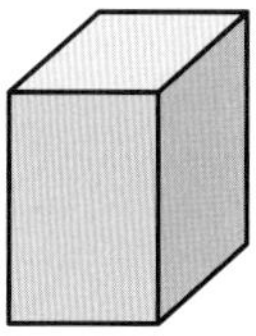 い 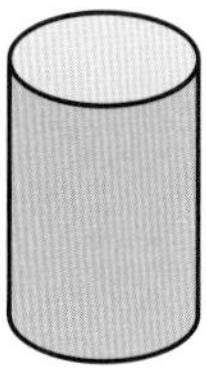 う  え 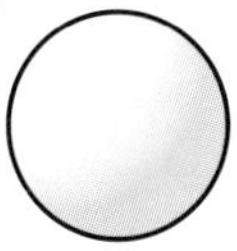

できたらすごい!

5 右《みぎ》の　かたちを　うつして　かくことが　できる　ものに、○を　つけましょう。　(10てん)

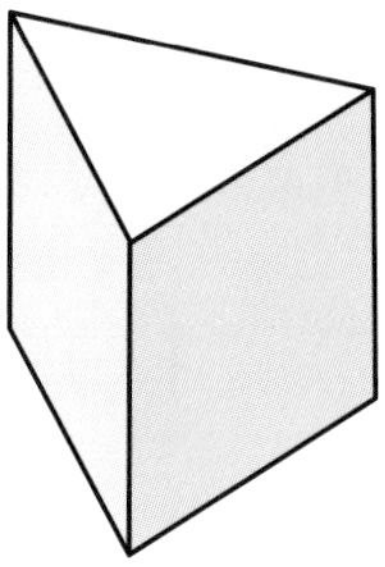

あ 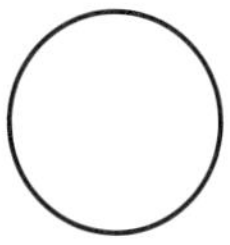 い  う  え 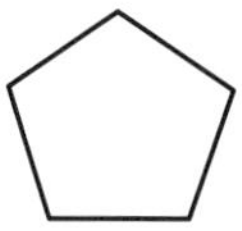

(　　　)　(　　　)　(　　　)　(　　　)

ふりかえり　1が　わからない　ときは、46ページの　1に　もどって　かくにんして　みよう。

ぴったり1 じゅんび

がくしゅうび　　月　　日

10 たしたり　ひいたり　してみよう

たしたり　ひいたり　してみよう

3分でまとめ

きょうかしょ　下6〜9ページ　こたえ　15ページ

ねらい

3つの数のたし算ができるようにします。　れんしゅう 1

1 $6+4+3$ の　けいさん

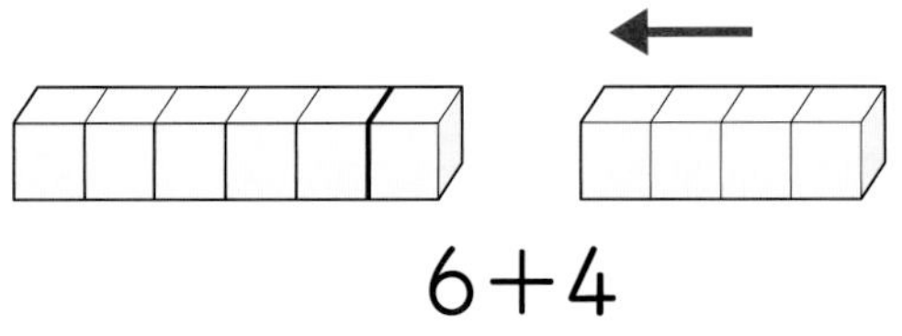

$6+4=\boxed{10}$

$10+3=\boxed{}$

$\underbrace{6+4}_{10}+3=\boxed{}$

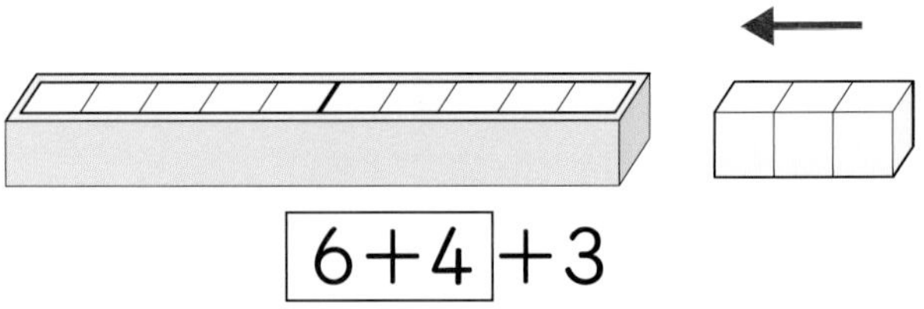

まえから　じゅんばんに
たすんだよ。

ねらい

たし算、ひき算がまじった3つの数の計算ができるようにします。　れんしゅう 2 3

2 けいさんを　しましょう。

① $10-1-2$ の　けいさん

$10-1=\boxed{9}$

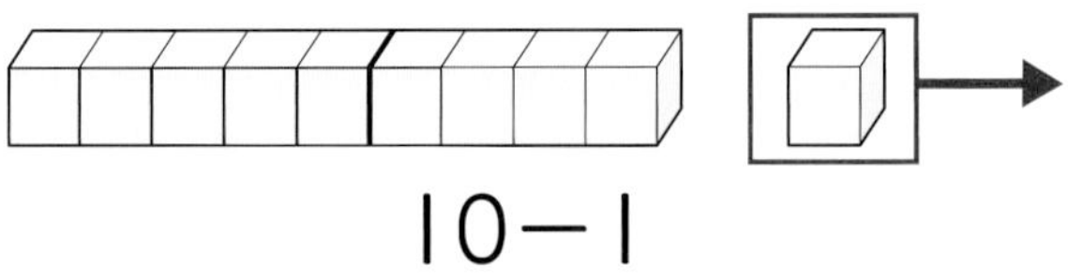

$9-2=\boxed{}$

$\underbrace{10-1}_{9}-2=\boxed{}$

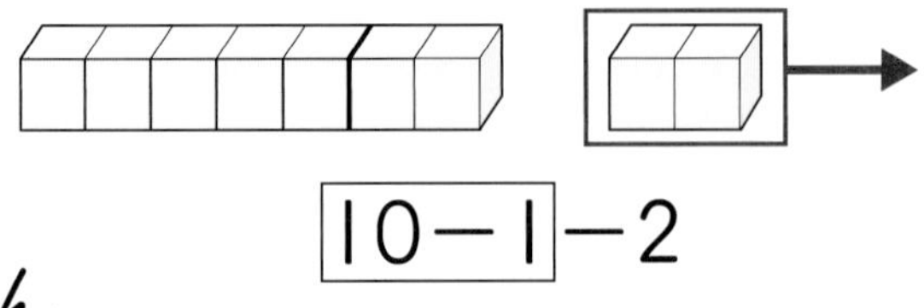

② $10-4+3$ の　けいさん

$10-4=\boxed{}$

$6+3=\boxed{}$

$\underbrace{10-4}_{6}+3=\boxed{}$

3つの　かずの　けいさんは、
まえから　じゅんばんに
すれば　いいんだね。

ぴったり2

れんしゅう

がくしゅうび　　月　　日

★できた　もんだいには、「た」を　かこう！★

① でき　② でき　③ でき

きょうかしょ　下6～9ページ　　こたえ　15ページ

1 けいさんを　しましょう。

きょうかしょ7ページ 1

① $\underset{10}{\underline{6+4}}+5=\square$　　② $9+1+7=\square$

③ $5+5+3=\square$　　④ $2+8+6=\square$

2 けいさんを　しましょう。

きょうかしょ8ページ 1

① $10-4-2=\square$　　② $10-2-5=\square$

③ $12-2-5=\square$　　④ $11-1-7=\square$

! まちがいちゅうい

3 けいさんを　しましょう。

きょうかしょ9ページ 1

① $10-8+3=\square$　　② $16-6+5=\square$

③ $6+3-2=\square$　　④ $4+6-8=\square$

ひんと

2 左から　じゅんばんに　けいさんしよう。

③　$12-2=10$　　$10-5=?$

ぴったり3

たしかめのテスト

⑩ たしたり　ひいたり　してみよう

じかん 30 ぷん

／100

ごうかく 80 てん

きょうかしょ　下6〜9ページ　こたえ　15ページ

知識・技能　／52てん

1 4＋6＋7の　けいさんを　します。
□に　かずを　かきましょう。　1つ4てん(12てん)

❶ 4＋6＝□

❷ 10＋7＝□

❸ 4＋6＋7＝□

2 よく出る　けいさんを　しましょう。　1つ5てん(40てん)

① 7＋3＋9＝□　② 1＋9＋4＝□

③ 10－2－1＝□　④ 14－4－8＝□

⑤ 8－2＋3＝□　⑥ 16－6＋5＝□

⑦ 2＋8－6＝□　⑧ 6＋4－5＝□

思考・判断・表現　　／48てん

3 おりがみが　5まい　ありました。
ゆみさんに　5まい　もらいました。
そのあと、ともさんに　4まい　もらいました。
　おりがみは、ぜんぶで　なんまいに　なりましたか。

しき・こたえ1つ10てん(20てん)

しき □　　こたえ（　　　）まい

4 よく出る　子《こ》どもが　10人《にん》　いました。
4人　かえって、3人　きました。
　子どもは、なん人に　なりましたか。

しき・こたえ1つ10てん(20てん)

しき □　　こたえ（　　　）人

できたらすごい！

5 □に　かずを　かいて、しきを
かんせいさせましょう。

1つ4てん(8てん)

① 10−7−□＝2

② 9−3+□＝8

ふろくの「けいさんせんもんドリル」12～14 も　やって　みよう！

ふりかえり　❶が　わからない　ときは、50ページの　❶に　もどって
かくにんして　みよう。

たしざん

3分でまとめ

きょうかしょ 下10〜15ページ　こたえ 16ページ

ねらい

たされる数で 10 をつくる、くり上がりのあるたし算ができるようにします。　れんしゅう 1 2 4 →

1 9＋5の　けいさんの　しかた

❶ 10を　つくるには、

9と　あと 1 。

❷ 5を　1と　4に

わける。

❸ 9と　1で　10。

❹ 10と　4で □ 。

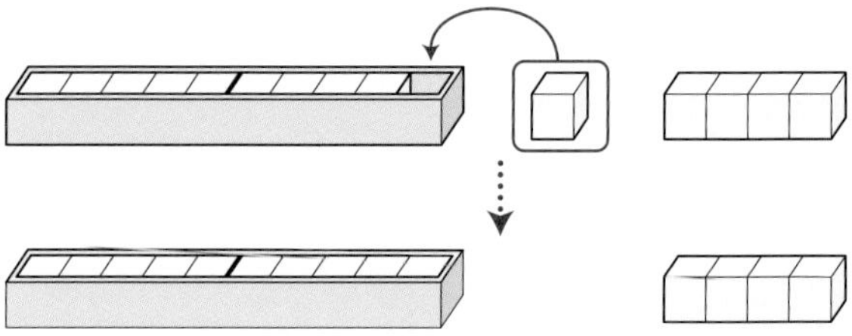

9＋5

10　1　4

14

10を
つくりましょう。

ねらい

たす数で 10 をつくる、くり上がりのあるたし算ができるようにします。　れんしゅう 3 4 →

2 3＋8の　けいさんの　しかた

❶ 10を　つくるには、

8と　あと 2 。

❷ 3を　1と　2に

わける。

❸ 8と 2 で　10。

❹ 1と　10で □ 。

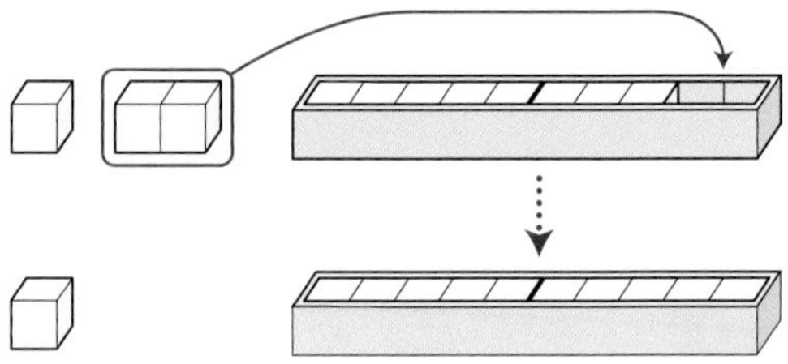

3＋8

1　2　10

11

どちらで　10を
つくっても
いいよ。

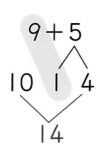

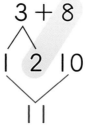

ぴったり2

れんしゅう

がくしゅうび　月　日

★できた　もんだいには、「た」を　かこう！★

でき ❶　でき ❷　でき ❸　でき ❹

きょうかしょ　下10～15ページ　こたえ　16ページ

❶ 9＋3の　けいさんを　しましょう。

きょうかしょ10ページ 1

❶ 3を □ と　2に　わける。

❷ 9と □ で　10。

❸ 10と □ で □。

9＋3

10　1　2

□

❷ けいさんを　しましょう。

きょうかしょ12ページ

① 9＋4＝□　② 8＋3＝□

❸ けいさんを　しましょう。

きょうかしょ13ページ

① 2＋9＝□　② 3＋9＝□

③ 4＋7＝□　④ 5＋8＝□

！まちがいちゅうい

❹ けいさんを　しましょう。

きょうかしょ14ページ

① 7＋8＝□　② 6＋7＝□

③ 8＋8＝□　④ 9＋9＝□

ひんと
❸ ①　9で　10を　つくった　ほうが　かんたんだよ。
❹ どちらの　かずで　10を　つくっても　かまわないよ。

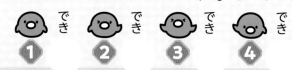

がくしゅうび　　月　　日

11 たしざん
たしざんカ《か》ード《ど》

きょうかしょ 下16〜17ページ　こたえ 16ページ

ねらい
カードを使って、くり上がりのあるたし算の練習をします。　れんしゅう 1 2 →

1 おもてと　うらを　せんで　むすびましょう。

おもて	9＋7	8＋5	7＋8
うら	13	15	16

うらには
おもての
こたえが
かいて　あるよ。

ねらい
たされる数とたす数、答えの関係に興味をもたせます。　れんしゅう 2 3 →

2 9の　たしざんを　じゅんばんに　ならべました。

おもて		うら
9＋3	＝	12
↓ 1ふえる		↓ 1ふえる
9＋4	＝	13
↓ 1ふえる		↓ 1ふえる
9＋5	＝	14
↓ 1ふえる		↓ 1ふえる
9＋6	＝	□

たす　かずが
1　ふえると
こたえは
［1］　ふえます。

8の　たしざんでも
おなじかな？

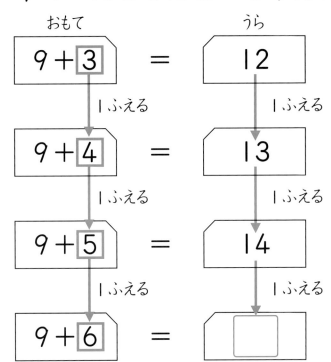

ぴったり2

れんしゅう

がくしゅうび　　月　　日

★できた　もんだいには、「た」を　かこう！★

でき 1　でき 2　でき 3

きょうかしょ　下16～17ページ　こたえ　16ページ

1 おもてと　うらを　せんで　むすびましょう。

きょうかしょ16～17ページで、たしざんの　れんしゅうを　しよう。

おもて	8＋8	7＋6	8＋7	6＋5
うら	15	13	11	16

2 こたえが　おなじ　カードは　どれと　どれですか。

きょうかしょ16～17ページで、たしざんの　れんしゅうを　しよう。

（　　　　）と（　　　　）

あ 6＋5	い 5＋7
う 8＋8	え 8＋7
お 6＋6	か 5＋8

よくみて

3 7の　たしざんを　じゅんばんに　ならべました。気《き》づいた　ことを　かきましょう。

きょうかしょ17ページで、たしざんの　こたえを　しらべよう。

7＋4	7＋5	7＋6	7＋7

（たす　かずが　1　ふえると、
こたえは　　　　　　　　　）

なにか　きまりが
あるのかな？

ひんと
2 カードの　こたえを　すみに　かいておくと　いいよ。
3 こたえは、左《ひだり》から　11、12、…に　なっているよ。

ぴったり3

たしかめのテスト

⑪ たしざん

じかん 30 ぷん

／100

ごうかく 80 てん

きょうかしょ 下 10〜18 ページ　こたえ 17 ページ

知識・技能　／60てん

1 8＋4の　けいさんを　します。
□に　かずを　かきましょう。　1つ5てん(20てん)

❶ 10を　つくるには、8と　あと □。

❷ 4を　2と □に　わける。

❸ 8と □で　10。

❹ 10と　2で □。

2 よく出る けいさんを　しましょう。　1つ5てん(30てん)

① 9＋2＝□　② 7＋6＝□

③ 4＋8＝□　④ 8＋9＝□

⑤ 5＋6＝□　⑥ 7＋7＝□

3 カ《か》ード《ど》を　見《み》て　こたえましょう。　1つ5てん(10てん)

あ　6＋8　　い　6＋9　　う　9＋4

え　3＋8　　お　7＋7　　か　5＋7

① こたえが　13の　カードは、どれですか。

(　　　)

② こたえが　おなじ　カードは、どれと
どれですか。

(　　　)と(　　　)

思考・判断・表現　／40てん

4 よく出る　じどう車《しゃ》が　4だい
ありました。8だい　きました。
じどう車は、ぜんぶで
なんだいに　なりましたか。

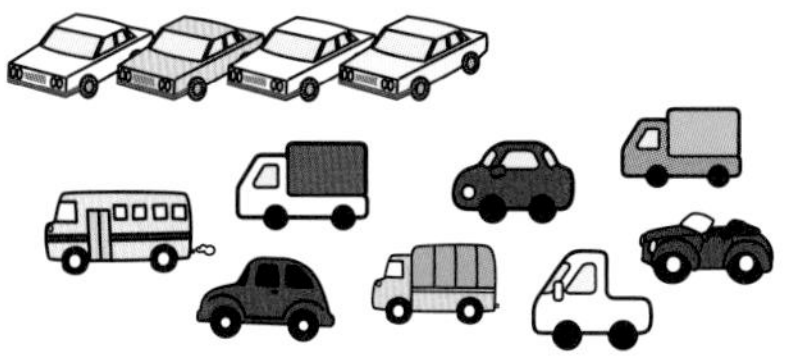

しき・こたえ1つ10てん(20てん)

しき　[　　　　]　　こたえ(　　　)だい

できたらすごい！

5 □に　かずを　かきましょう。　1つ10てん(20てん)

① 9＋□＝14　　② 8＋□＝14

ふろくの「けいさんせんもんドリル」15～21も　やって　みよう！

ふりかえり　1が　わからない　ときは、54ページの　1に　もどって
かくにんして　みよう。

がくしゅうび　月　日

12 ひきざん

ひきざん

3分でまとめ

きょうかしょ 下 19〜24 ページ　こたえ 18 ページ

ねらい

ひかれる数を 10 といくつに分けて、くり下がりのあるひき算ができるようにします。 れんしゅう ❶❷❹→

1 12−7の　けいさんの　しかた

❶ 2−7は　できない。

❷ 12を　10と　2に　わける。

❸ 10から　7を　ひいて □。

❹ [3]と □ を　たして □。

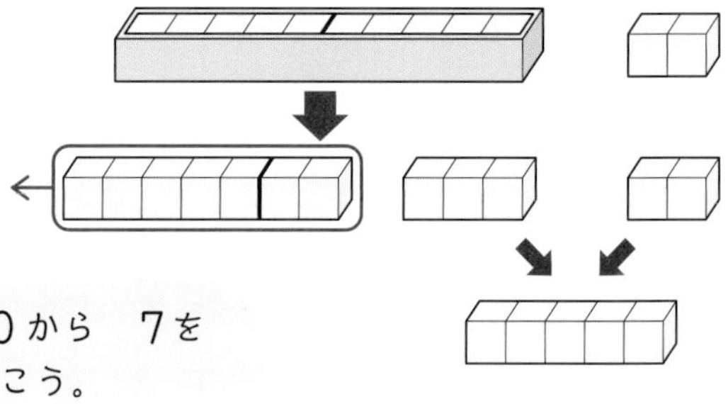

10から　7を　ひこう。

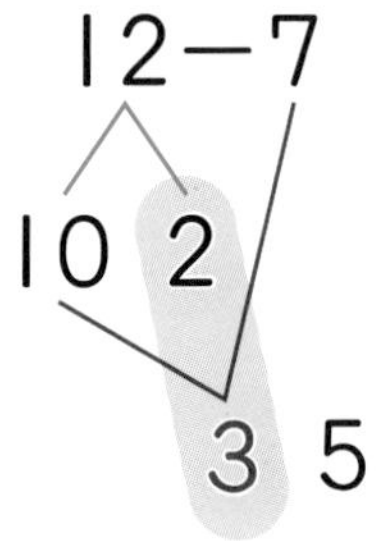
12−7
10 2
3 5

ねらい

ひく数を分解して、くり下がりのあるひき算ができるようにします。 れんしゅう ❸❹→

2 11−2の　けいさんの　しかた

❶ 1−2は　できない。

❷ 2を　1と [1] に　わける。

❸ 11から　1を　ひいて □。

❹ 10から　1を　ひいて □。

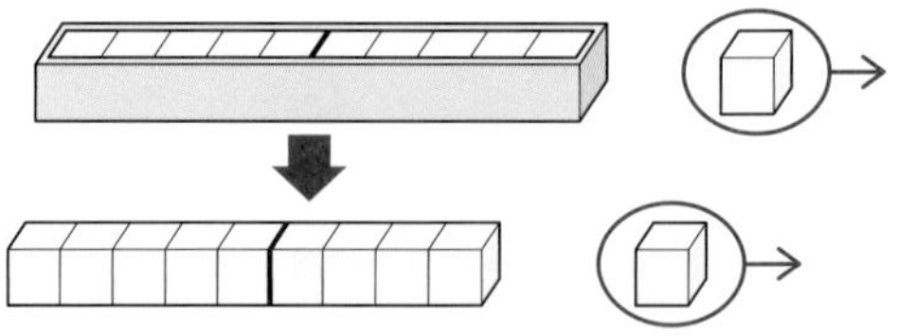

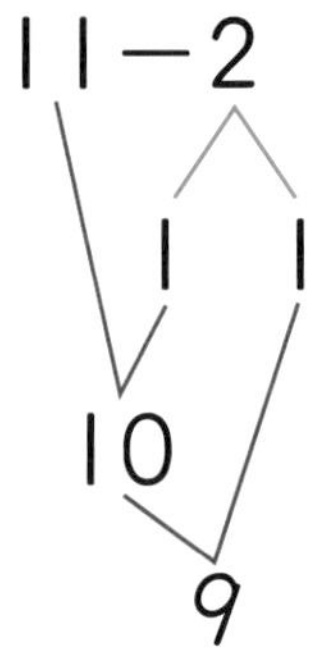
11−2
1 1
10
9

1と　2の　どちらの　かんがえで　けいさんしても　いいよ。

がくしゅうび　　月　　日

★できた　もんだいには、「た」を　かこう！★

でき ❶　でき ❷　でき ❸　でき ❹

きょうかしょ　下 19〜24 ページ　こたえ　18 ページ

❶ 13−7の　けいさんを　しましょう。

きょうかしょ19ページ 1

❶ 13を　10と　□に　わける。

❷ 10から　7を　ひいて　□。

❸ 3と　□を　たして　□。

❷ けいさんを　しましょう。

きょうかしょ21ページ

① 12−9=□　　② 11−8=□

❸ けいさんを　しましょう。

きょうかしょ22ページ

① 11−3=□　　② 14−5=□

③ 13−4=□　　④ 16−8=□

5を
4と　1に
わけよう。

! まちがいちゅうい

❹ けいさんを　しましょう。

きょうかしょ23ページ

① 14−7=□　　② 12−6=□

③ 11−5=□　　④ 15−9=□

ひんと
❸ ①　3を　1と　2に　わけて　かんがえよう。
❹ ①　14を　10と　4に　わけるか、7を　4と　3に　わけよう。

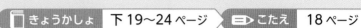

12 ひきざん
ひきざんカ《か》ード《ど》

きょうかしょ　下25〜26ページ　　こたえ　18ページ

ねらい
カードを使って、くり下がりのあるひき算の練習をします。　れんしゅう 1 2 →

1 おもてと　うらを　せんで　むすびましょう。

おもて	11−3	14−8	16−9	13−9
うら	7	4	8	6

ねらい
ひかれる数とひく数、答えの関係に興味をもたせます。　れんしゅう 2 3 →

2 ひきざんの　カードを　ならべました。

おもて		うら
12−3	=	9
↓ 1ふえる		↓ 1へる
12−4	=	8
↓ 1ふえる		↓ 1へる
12−5	=	7
↓ 1ふえる		↓ 1へる
12−6	=	□

ひく　かずが
1　ふえると
こたえは
[1]　へります。

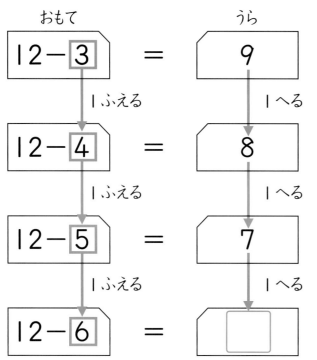

ぴったり2

れんしゅう

がくしゅうび　　月　　日

★できた　もんだいには、「た」を　かこう！★

できた 1　できた 2　できた 3

きょうかしょ　下25～26ページ　こたえ　18ページ

1 おもてと　うらを　せんで　むすびましょう。

きょうかしょ25～26ページで、ひきざんの　れんしゅうを　しよう。

おもて	14−9	12−8	13−6	16−8
うら	8	5	7	4

2 こたえが　おなじ　カ《か》ード《ど》は　どれと　どれですか。

きょうかしょ25～26ページで、ひきざんの　れんしゅうを　しよう。

Ⓐ 12−8　Ⓘ 11−6

Ⓤ 11−5　Ⓔ 12−9

Ⓞ 15−9　Ⓚ 15−8

（　　　）と（　　　）

よくみて

3 ひきざんの　カードを　ならべました。気《き》づいた　ことを　かきましょう。

きょうかしょ25～26ページで、ひきざんの　こたえを　しらべよう。

13−4　13−5　13−6　13−7

（ひく　かずが　1　ふえると、こたえは　　　　　）

こたえを
かきだしてみよう。

ひんと

2 カードの　こたえを　すみに　かいておくと　いいよ。

3 こたえは、左《ひだり》から　9、8、7、…に　なっているよ。

ぴったり1 じゅんび

がくしゅうび　　月　　日

12 ひきざん

たすのかな　ひくのかな

きょうかしょ 下27〜28ページ　こたえ 19ページ

ねらい

文章を読んで、たし算、ひき算のどちらで答えをもとめるかわかるようにします。 れんしゅう 1 2 3 →

1 もんだいに　こたえましょう。

① おりがみが　13まい　あります。
5まいで　つるを　おりました。
のこりは、なんまいに　なりましたか。

のこりは　いくつの
もんだいだよ。

のこりを　もとめるから、
しきは ［ひき］ざんに　なります。

しき　13［　］5＝［　］　　こたえ（　　）まい

② チョコレ《ちょこれ》ート《と》が　7こ
あります。
4こ　もらうと、ぜんぶで
なんこに　なりますか。

ふえると　いくつの
もんだいだね。

もらうと　ふえるから、
しきは ［たし］ざんに　なります。

しき　7［　］4＝［　］　　こたえ（　　）こ

ぴったり2

れんしゅう

がくしゅうび　月　日

★できた　もんだいには、「た」を　かこう！★

でき ❶　でき ❷　でき ❸

きょうかしょ　下27～28ページ　こたえ　19ページ

❶ りんごが　8こ、みかんが
8こ　あります。
　りんごと　みかんは、
あわせて　なんこ　ありますか。

きょうかしょ27ページ 1

しき

こたえ（　　　）こ

❷ あめが　16こ　ありました。
ゆかさんが　9こ　たべました。
　のこりは、なんこに　なりましたか。

きょうかしょ27ページ 1▶

しき

こたえ（　　　）こ

よくよんで

❸ クッキ《くっき》ーが　9まい、
ビスケット《びすけっと》が　17まい
あります。
　どちらが　なんまい
おおいですか。

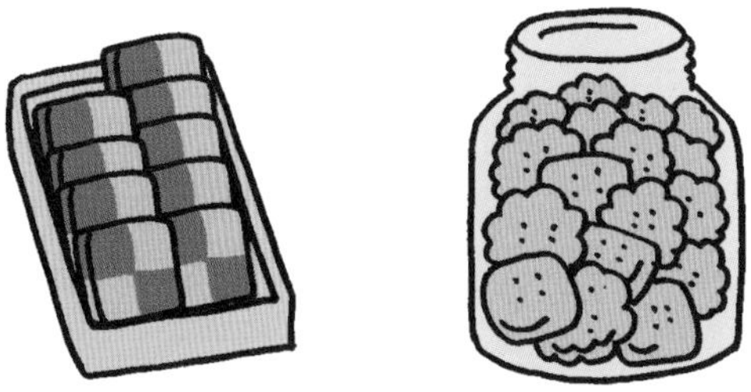

きょうかしょ28ページ 3▶

しき

こたえ（　　　　　）が（　　　）まい　おおい

ひんと
❶❷「あわせて」「のこりは」の　ことばから　かんがえよう。
❸ どちらが　おおいか、はじめに　はっきりさせよう。

ぴったり3

たしかめのテスト

⑫ ひきざん

じかん 30 ぷん

/100

ごうかく 80 てん

きょうかしょ 下19〜29ページ　こたえ 19ページ

知識・技能　／70てん

1 12−6の　けいさんを　します。
□に　かずを　かきましょう。　□1つ5てん(20てん)

❶ 2−6は　できない。

❷ 12を　10と　□に　わける。

❸ 10から　6を　ひいて　□。

❹ □と　2を　たして　□。

2 よく出る　けいさんを　しましょう。　1つ5てん(30てん)

① 13−4=□　② 15−8=□

③ 12−7=□　④ 16−9=□

⑤ 11−6=□　⑥ 14−5=□

3 まちがった　カ《か》ード《ど》の　きごうを　こたえましょう。

1つ10てん(20てん)

① こたえが　6

- あ 13−6
- い 11−5
- う 14−8

(　　　)

② こたえが　8

- か 12−4
- き 13−5
- く 14−7

(　　　)

思考・判断・表現　／30てん

4 よく出る　かきが　14こ　あります。
9こ　たべると、のこりは　なんこですか。

しき・こたえ1つ5てん(10てん)

しき

こたえ (　　　) こ

できたらすごい!

5 こたえが　5に　なる　ひきざんを　ならべました。
□に　かずを　かきましょう。

1つ10てん(20てん)

11−6＝5

12−□＝5

13−□＝5

ふりかえり　1が　わからない　ときは、60ページの　1に　もどって
かくにんして　みよう。

ふろくの「けいさんせんもんドリル」22～28も　やって　みよう!

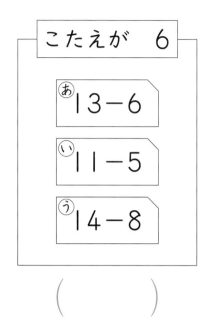

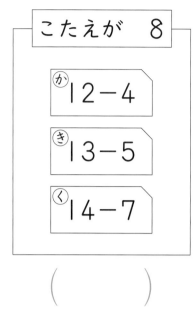

がくしゅうび　　月　　日

13 くらべてみよう
ながさくらべ

3分でまとめ

きょうかしょ 下30～34ページ　こたえ 20ページ

ねらい
物の長さを直接比較や間接比較で比べられるようにします。　れんしゅう ❶❷→

1 どちらが　ながいですか。

① （ い ）　　② （　　）

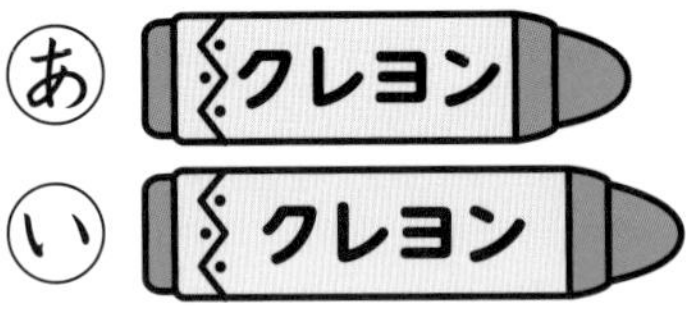

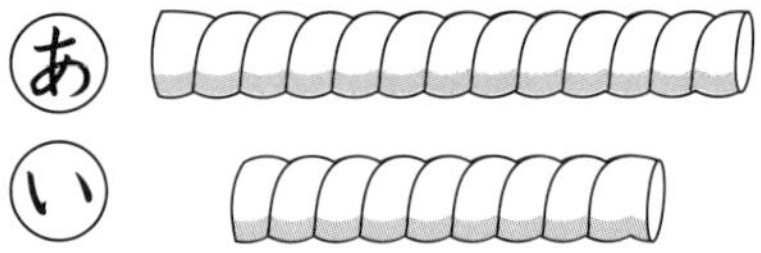

2 たてと　よこ、どちらが　ながいですか。

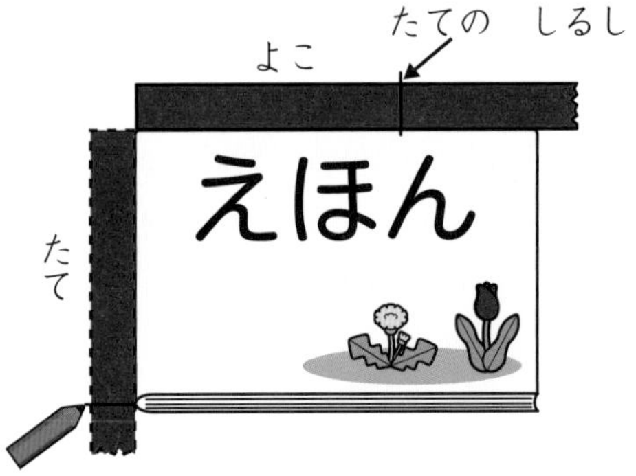

□の　ほうが　ながい。

たての　しるしの
ほうが　なかに
あるよ。

ねらい
任意単位を使って物の長さを比べる方法を理解します。　れんしゅう ❸→

3 どちらが　どれだけ　ながいですか。

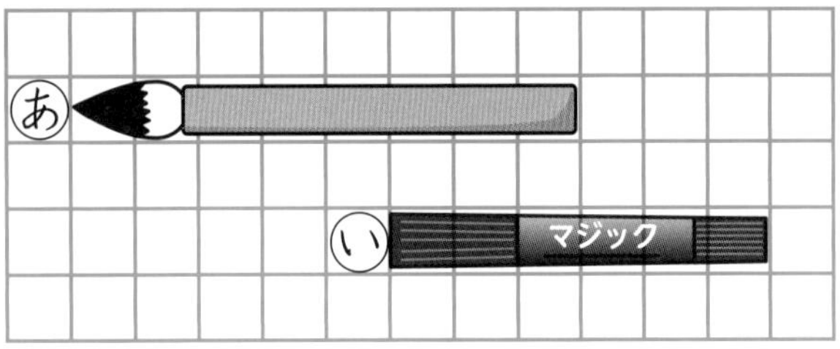

あ　ますが　8こぶん

い　ますが　□こぶん

□の　ほうが　ます

□こぶん　ながい。

□の　かずで　くらべよう。
ちがいは、8−6=2（こ）ぶん
だね。

ぴったり2

れんしゅう

がくしゅうび　　月　　日

★できた　もんだいには、「た」を　かこう！★

1 でき　2 でき　3 でき

きょうかしょ　下30～34ページ　こたえ　20ページ

1 どちらが　ながいですか。

きょうかしょ31ページ 1

①（　　　）

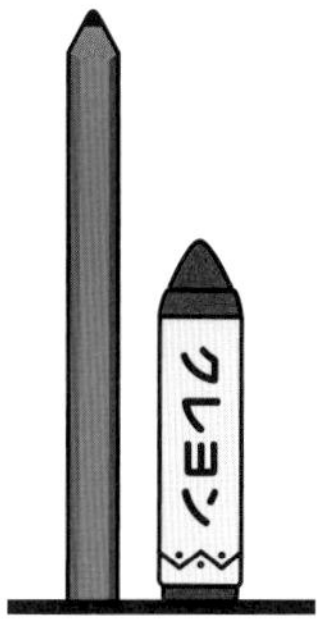

㋐㋑

②（　　　）

㋐ 

㋑

2 たてと　よこでは、どちらが　ながいですか。

きょうかしょ31ページ 1

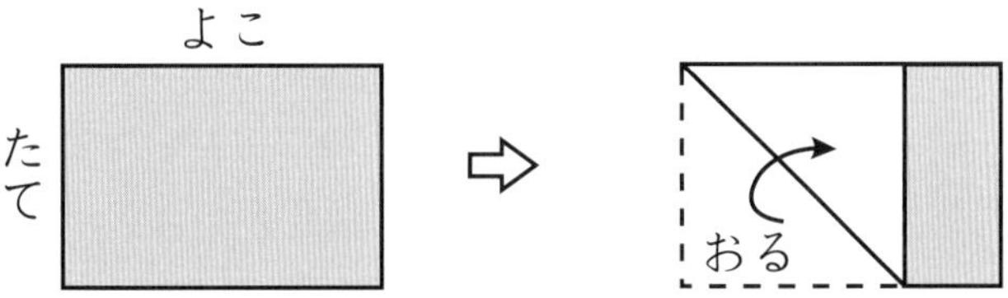

（　　　）

よくみて

3 どちらが　どれだけ　ながいですか。

きょうかしょ34ページ 3

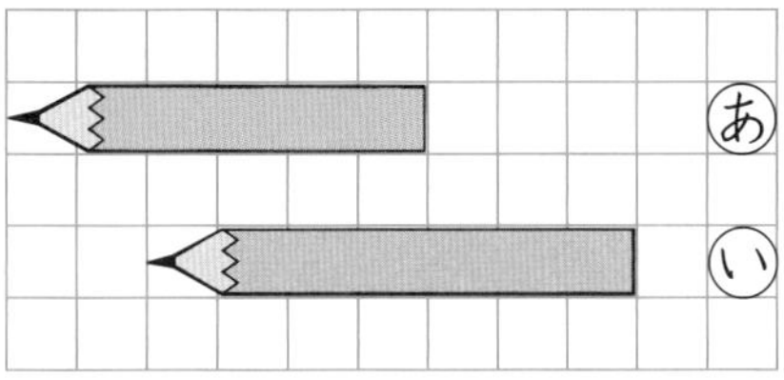

□の　ほうが　ます

□こぶん　ながい。

ひんと
1 ②　㋑を　のばすと　どうなるかな。
3 ますの　かずを　かぞえよう。

13 くらべてみよう
かさくらべ
ひろさくらべ

3分でまとめ

きょうかしょ　下35〜38ページ　こたえ　20ページ

ねらい
かさの多い少ないを比較する方法を理解します。　れんしゅう 1 2 →

1 水《みず》の　かさは、どちらが　おおいですか。

あ

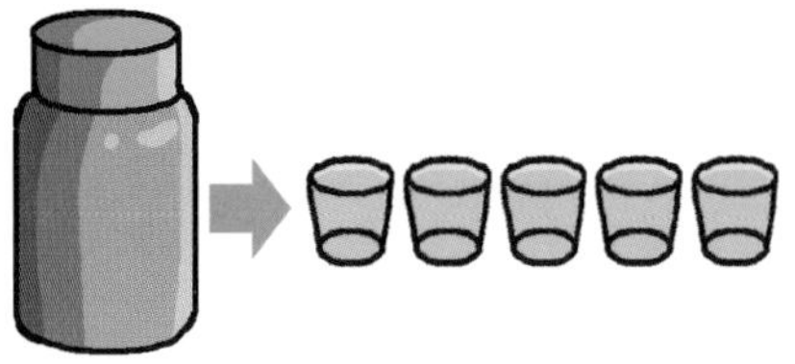

い

あは　（コップ）で　5はいぶん。

いは　（コップ）で　□ばいぶん。

□の　ほうが　おおい。

ねらい
広さも、１つ分を決めれば数値化して比べられることを理解します。　れんしゅう 3 →

2 どちらが　ひろいですか。

あ　　い

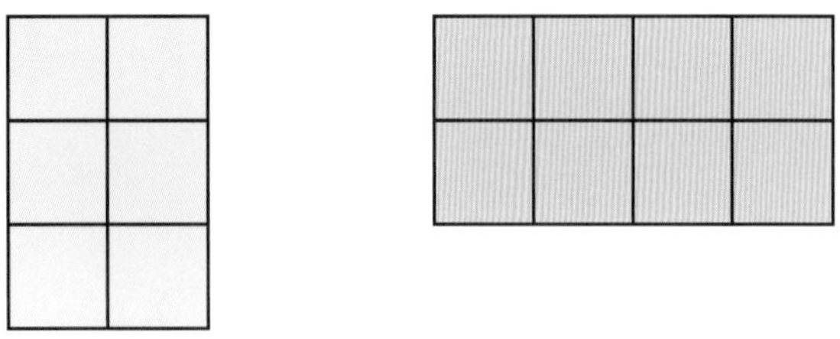

あは　□が　6こぶん。いは　□が　□こぶん。

□の　ほうが　ひろい。

がくしゅうび　月　日

★できた　もんだいには、「た」を　かこう！★

でき 1　でき 2　でき 3

きょうかしょ　下35～38ページ　こたえ　20ページ

1 水の　かさは、どちらが　おおいですか。

きょうかしょ35ページ1

（　　　）

2 水が　おおく　入《はい》る　じゅんに　ならべましょう。

きょうかしょ37ページ2

（　　　→　　　→　　　）

よくみて

3 どちらが　ひろいですか。

きょうかしょ38ページ1

（　　　）

ひんと

2 コップ《こっぷ》の　かずで　くらべよう。

3 □の　かずで　くらべよう。

ぴったり3

たしかめのテスト

⑬ くらべてみよう

じかん 30 ぷん

／100

ごうかく 80 てん

きょうかしょ 下30〜39ページ　こたえ 21ページ

知識・技能　／60てん

1 よく出る　ながい　ほうに　○を　つけましょう。

1つ10てん(20てん)

① あ　(　　)

い　(　　)

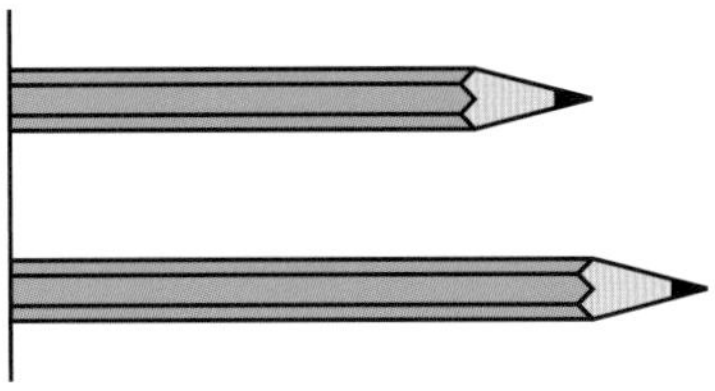

② あ　(　　)

い　(　　)

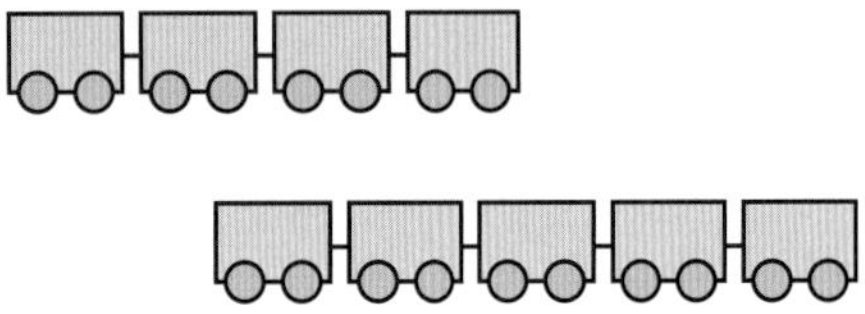

2 ひろい　ほうの　きごうを　かきましょう。

1つ10てん(20てん)

①

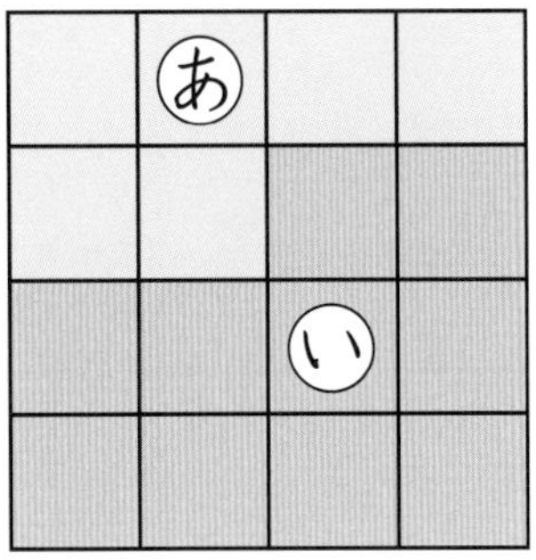

(　　)

② あ

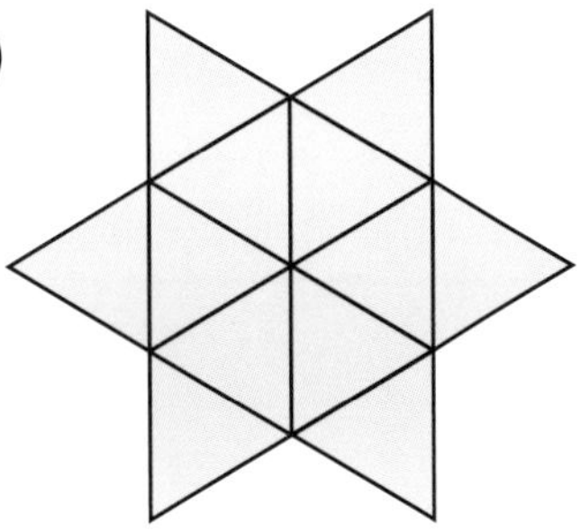

い

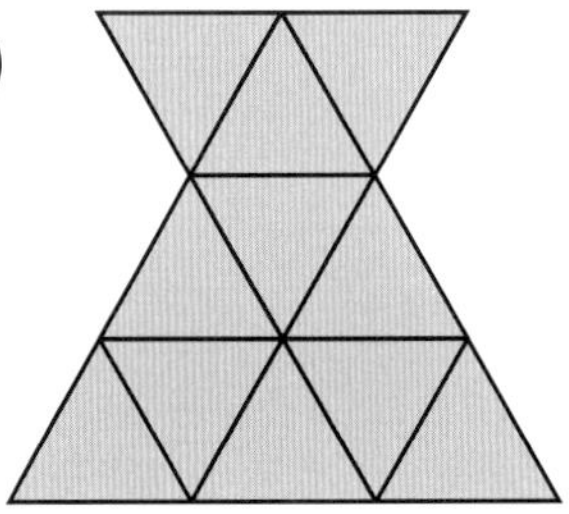

(　　)

3 どちらの　はこが　大《おお》きいですか。　(20てん)

あ

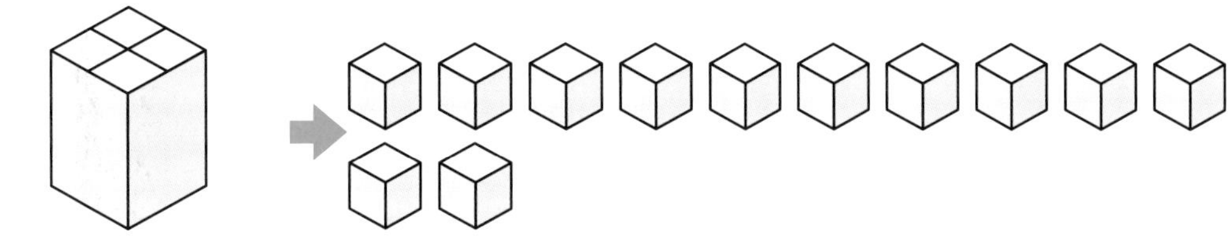

い

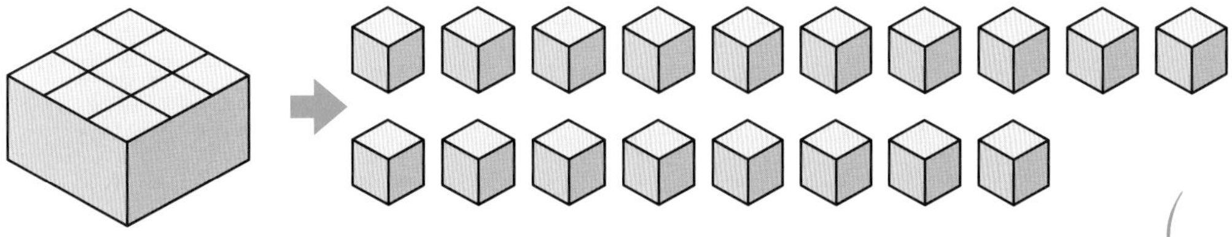

(　　　)

思考・判断・表現　／40てん

4 よく出る　水《みず》は、どちらが　どれだけ　おおく　入《はい》りますか。　(20てん)

あ

い

(　　　の　ほうが、で　　　はいぶん　おおいです。)

できたらすごい！

5 もんだいに　こたえましょう。　1つ10てん(20てん)

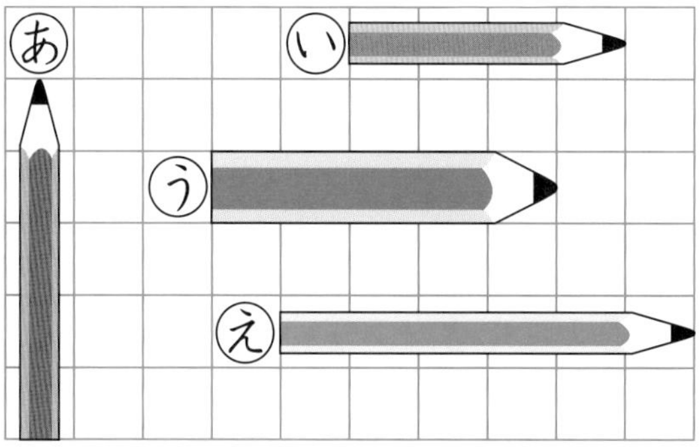

① いちばん　みじかいのは　どれですか。

(　　　)

② あ、えでは　どちらが　ますの　いくつぶん　ながいですか。

(　　　が　ますの　　　こぶん　ながいです。)

ふりかえり　1が　わからない　ときは、68ページの　1に　もどって　かくにんして　みよう。

この　ほんの　おわりに　ある　「ふゆの　チャレンジテスト」を　やって　みよう！

3分でまとめ

がくしゅうび　月　日

かたちを　つくろう

きょうかしょ　下42〜45ページ　こたえ　22ページ

ねらい

色板を敷きつめて、いろいろな図形を作ることができるようにします。　れんしゅう ①→

1 右《みぎ》の　いろいたを　3まい　ならべて
つくりました。どのように　ならべましたか。

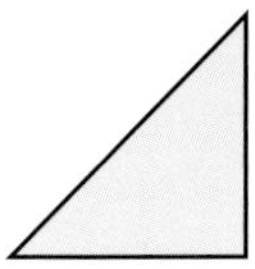

①

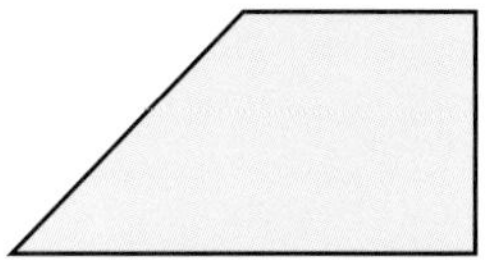

②

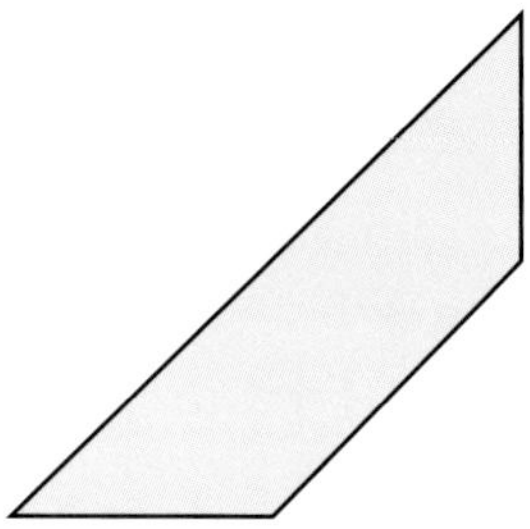

いろいたの
かたちに
せんを　ひこう。

2 1まいだけ　うごかしました。
どの　いろいたを　うごかしましたか。

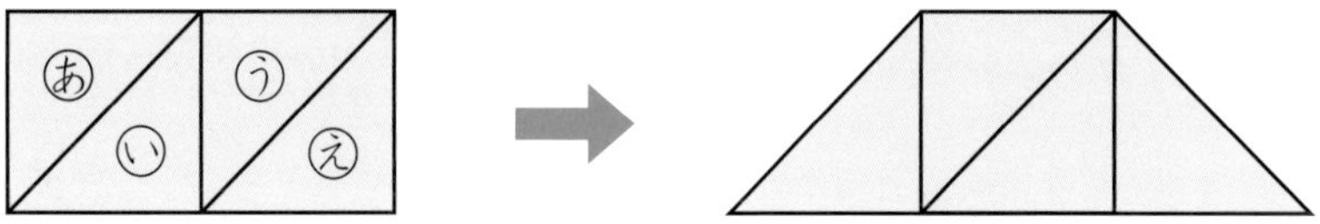
あ
い
う
え

□を

うごかした。

ねらい

平面図形が辺と頂点で成り立っていることを理解します。　れんしゅう ②③→

3 ・と　・を　せんで　つないで、さんかくを
2つ　つくりましょう。

3つの　・を　せんで
つなぎましょう。

ぴったり2

れんしゅう

がくしゅうび　月　日

★できた　もんだいには、「た」を　かこう！★

でき ❶　でき ❷　でき ❸

きょうかしょ　下42〜45ページ　こたえ　22ページ

❶ 右の　いろいたを　4まい　ならべて、
ちがう　かたちを　3つ　つくりましょう。

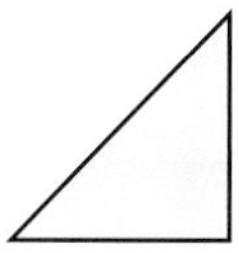

きょうかしょ43ページ 2

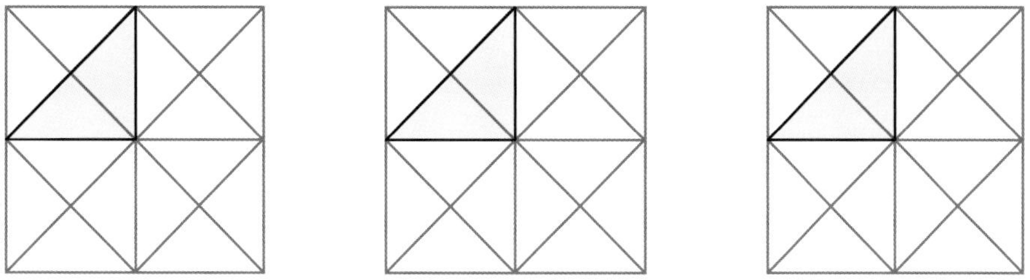

あと　3まいずつ
ならべよう。

❷ ぼうを　なん本《ぼん》　つかいましたか。

きょうかしょ44ページ 3

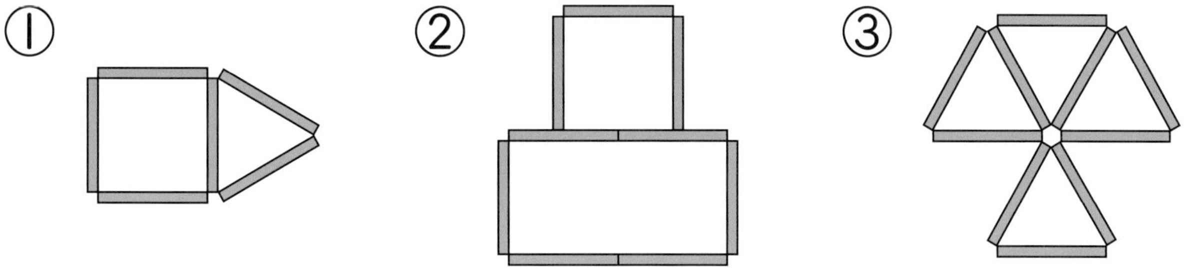

①（　　）本《ぽん》　②（　　）本《ほん》　③（　　）本

よくみて

❸ おなじ　かたちを　かきましょう。

きょうかしょ45ページ 4

ひんと

❶ まわしたり、うらがえしたりして　ならべよう。
❷ かぞえた　ぼうには　しるしを　つけておこう。

ぴったり3

たしかめのテスト

⑭ かたちを　つくろう

じかん 30 ぷん

／100

ごうかく 80 てん

きょうかしょ　下42～45ページ　こたえ　22ページ

知識・技能　／80てん

1 よく出る　つぎの　かたちは、㋐の　いろいたが　なんまいで　できますか。　1つ10てん(40てん)

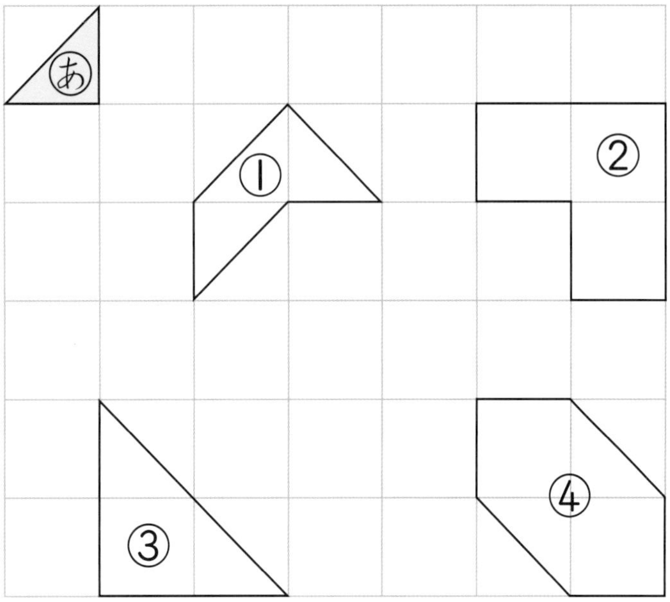

①（　　　　）まい

②（　　　　）まい

③（　　　　）まい

④（　　　　）まい

2 よく出る　・と　・を　せんで　つないで、おなじ　かたちを　かきましょう。　(20てん)

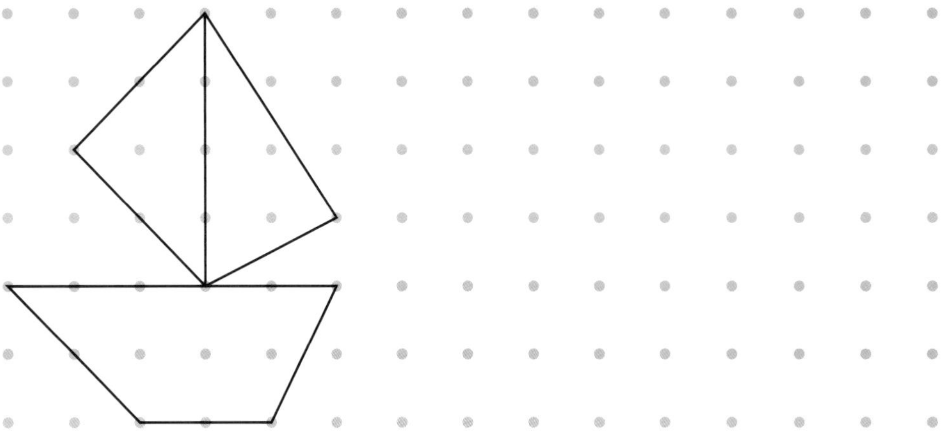

3 ぼうを　つかって　つくりました。

1つ10てん(20てん)

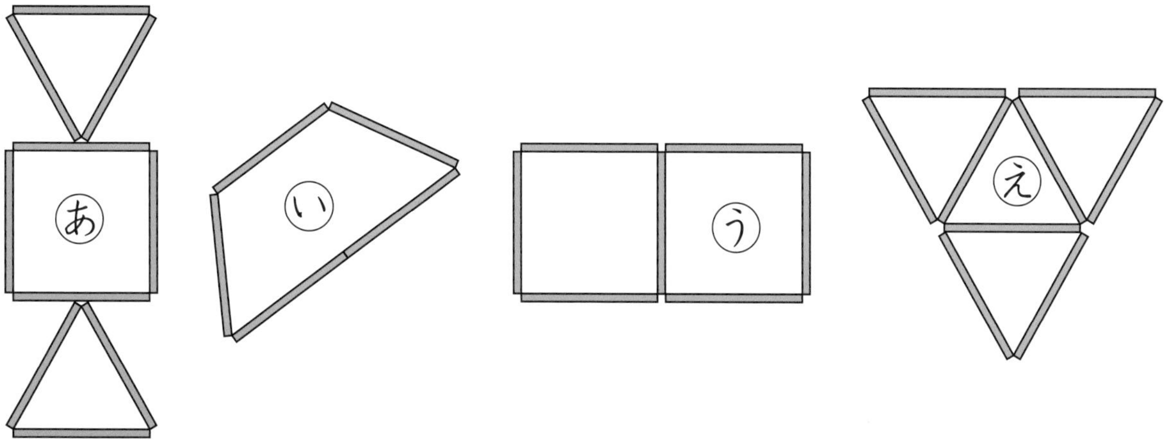

① 7本《ほん》　つかって　できた　かたちは　どれですか。

(　　　)

② 9本　つかって　できた　かたちは　どれですか。

(　　　)

思考・判断・表現　／20てん

できたらスゴイ!

4 2まい　うごかして　右《みぎ》の　かたちを
つくりました。
どれと　どれを　うごかしましたか。

(20てん)

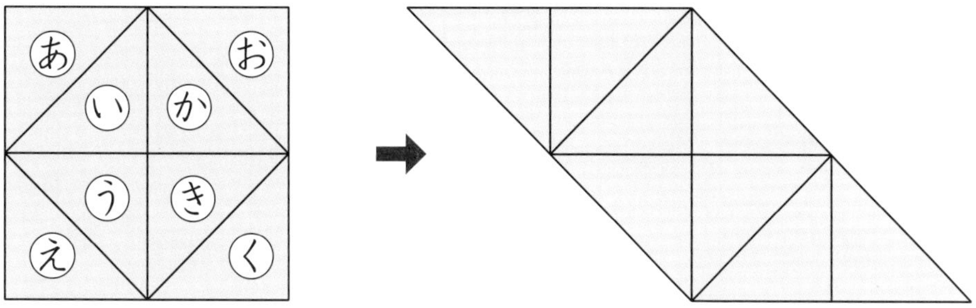

(　　　と　　　)

ふりかえり　1が　わからない　ときは、74ページの　1に　もどって
かくにんして　みよう。

15 大《おお》きい　かずを　かぞえよう
100までの　かず(1)

きょうかしょ　下46～49ページ　こたえ　23ページ

ねらい
30より大きい数の数え方、読み方、書き方がわかるようにします。
れんしゅう ❶❷→

1 なんこ　ありますか。

10の　あつまりを
つくろう。

10が [3] こと、ばらが [6] こ。

[　] こです。

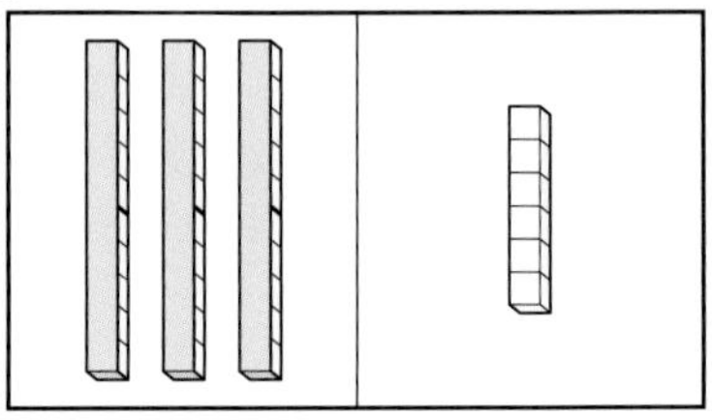

36は、

十《じゅう》のくらいの　すうじが [　]、

一《いち》のくらいの　すうじが [　] です。

十のくらい	一のくらい
3	6

[　|　]
さんじゅうろく

ねらい
2けたの数の構成を理解します。
れんしゅう ❷❸→

2 つぎの　かずを　かきましょう。

①

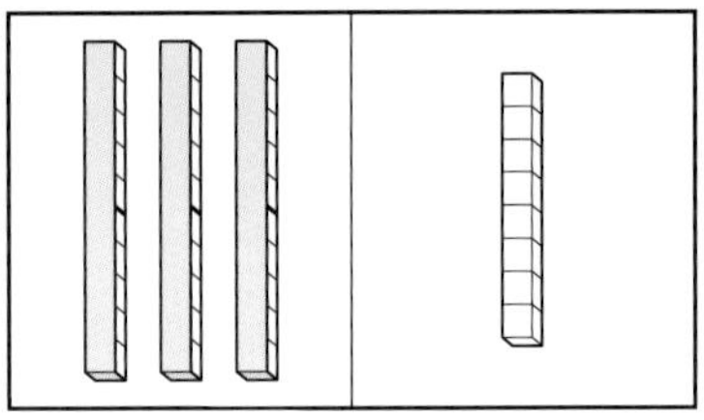

十のくらい	一のくらい

かずを　かこう。

[　|　]

②

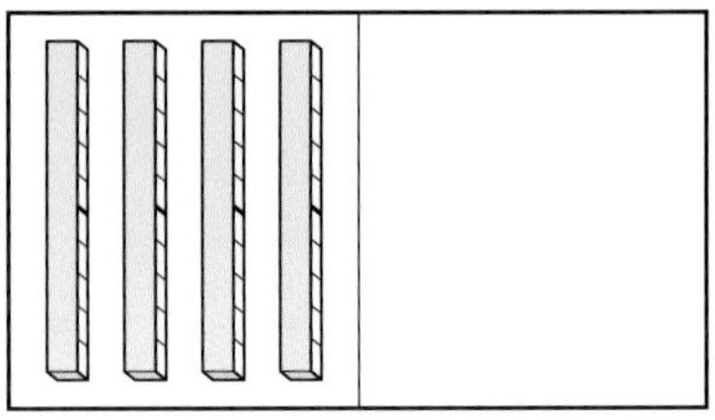

十のくらい	一のくらい

[　|　]

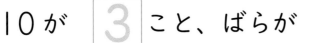

ぴったり2
れんしゅう

がくしゅうび　　月　　日

★できた　もんだいには、「た」を　かこう！★

1 でき　2 でき　3 でき

きょうかしょ　下46～49ページ　こたえ　23ページ

1 つぎの　かずを　かきましょう。

よくみて　きょうかしょ46ページ 1、48ページ 2

① 

（　　　　）まい

② 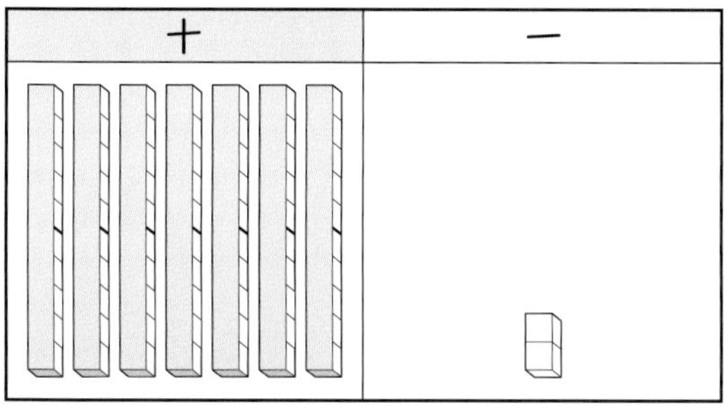

（　　　　）

2 □に　かずを　かきましょう。

きょうかしょ49ページ 1

① 10が　9こと、1が　3こで □。

② 58は　10が □ こと　1が □ こ。

③ 80は　10が □ こ。

3 □に　かずを　かきましょう。

きょうかしょ49ページ 2

① 十のくらいが　6で、一のくらいが　4の かずは □。

② 70の　十のくらいの　すうじは □、一のくらいの　すうじは □。

ひんと

1 ①　10ずつ　かこんで、10が　いくつと　ばらが　いくつと　かんがえよう。

2 ①　10が　9こで　90。1が　3こで　3だから、…。

がくしゅうび　　月　　日

15 大《おお》きい　かずを　かぞえよう
100までの　かず(2)

きょうかしょ　下50～53ページ　こたえ　23ページ

ねらい
100の構成を理解します。 れんしゅう 1 →

1 なんまい　ありますか。

100は
99より　1大《おお》きい
かずだよ。

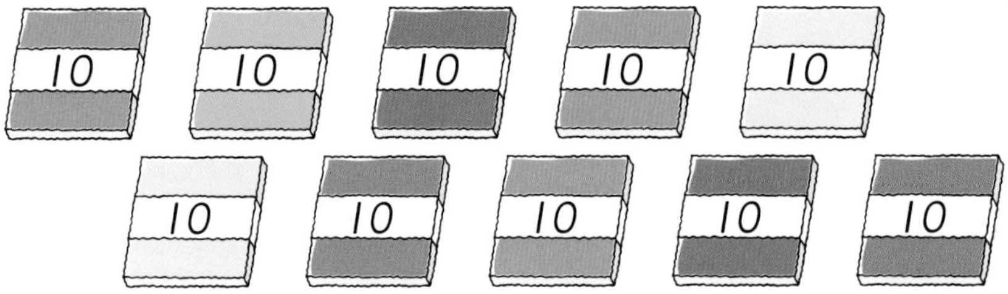

10が　10たばで、百《ひゃく》　→　100　まい

ねらい
100までの数の順番と大小を理解します。 れんしゅう 2 →

2 □に　かずを　かきましょう。

① 96　□　98　99　□

② 60　□　58　57　□

ねらい
数の並びから、いくつ大きい、いくつ小さいがわかるようにします。 れんしゅう 3 →

3 □に　かずを　かきましょう。

① 95より　5　大きい　かずは　□。

② 100より　3　小《ちい》さい　かずは　□。

かずを　ならべて
かんがえてみよう。

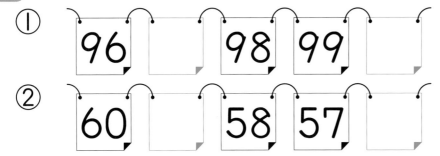

がくしゅうび　　月　　日

★できた　もんだいには、「た」を　かこう！★

でき ❶　でき ❷　でき ❸

きょうかしょ　下 50～53 ページ　こたえ　23 ページ

❶ □に　かずを　かきましょう。

きょうかしょ51ページ 1

① 

が　10 たばで　□　さつ。

② 

が　□　こで　

。

❷ □に　かずを　かきましょう。

きょうかしょ53ページ 2

① 86　□　88　89　□

! まちがいちゅうい

② 72　□　70　□　68

③ □　97　98　□　100

② 大きい　じゅんに
ならんでいるよ。

❸ □に　かずを　かきましょう。

きょうかしょ53ページ 3

① 94 より　6　大きい　かずは　□。

② 100 より　2　小さい　かずは　□。

ひんと
❸ ①　かずを　じゅんばんに　ならべて　かんがえよう。
②　100 より　1　小さい　かずは　99、99 より　1　小さい　かずは…。

15 大《おお》きい　かずを　かぞえよう
100より　大きい　かず

きょうかしょ　下54ページ
こたえ　24ページ

ねらい
100をこえる数の数え方、読み方、書き方がわかるようにします。　れんしゅう 1 2 3 4

1 なんまい　ありますか。
かずを　かいて　よみましょう。

① 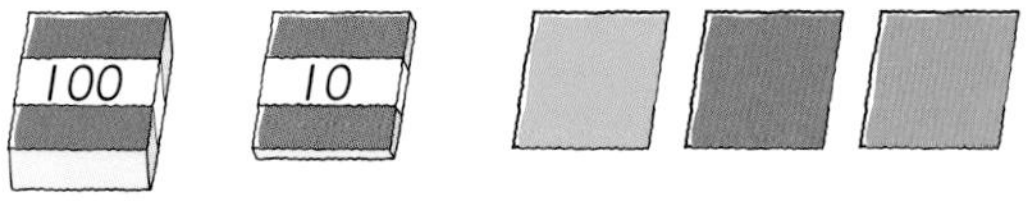
100
10

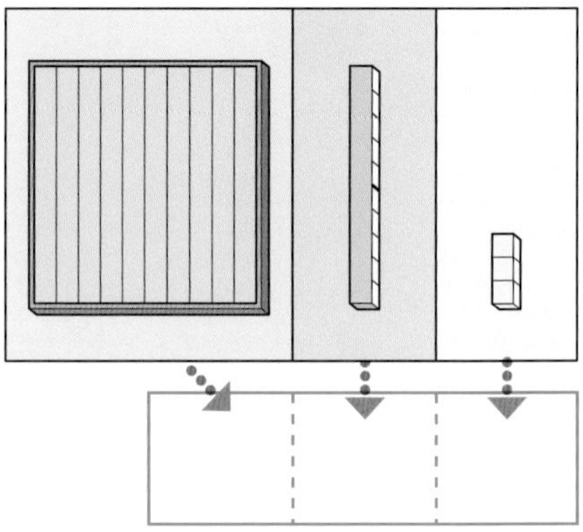

100と　13で

113 です。

これを、

ひゃくじゅうさん と

よみます。

100と　13で
10013とは
かかないよ。

② 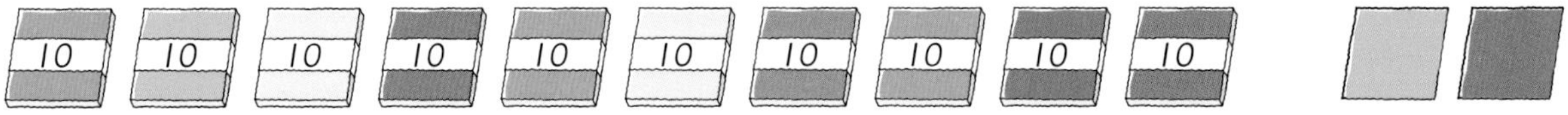
10
10
10
10
10
10
10
10
10
10

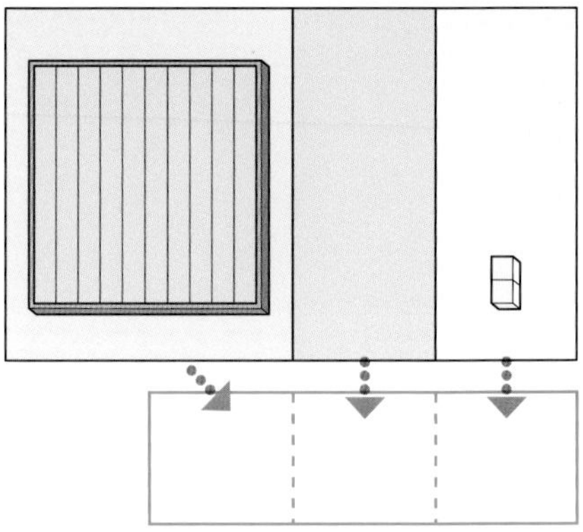

100と　2で

　 です。

これを、　 と

よみます。

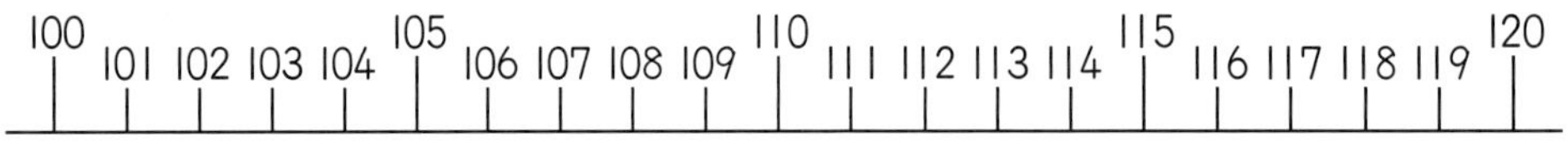
100
101 102 103 104
105
106 107 108 109
110
111 112 113 114
115
116 117 118 119
120

がくしゅうび　　月　　日

★できた　もんだいには、「た」を　かこう！★

できた ❶　できた ❷　できた ❸　できた ❹

きょうかしょ　下54ページ　こたえ　24ページ

❶ なん円《えん》ですか。

きょうかしょ54ページ 1

①

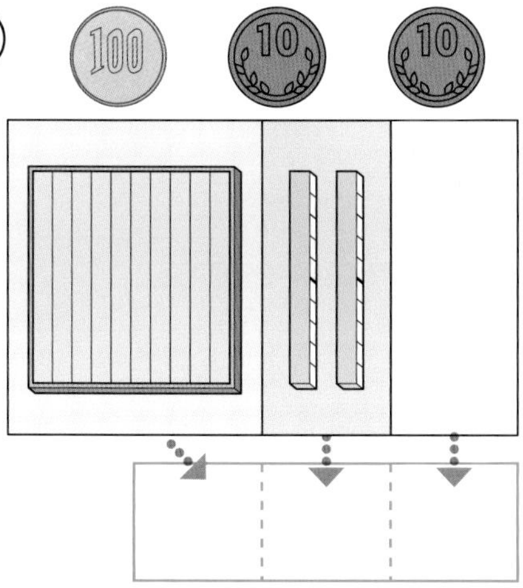

円

! まちがいちゅうい

②

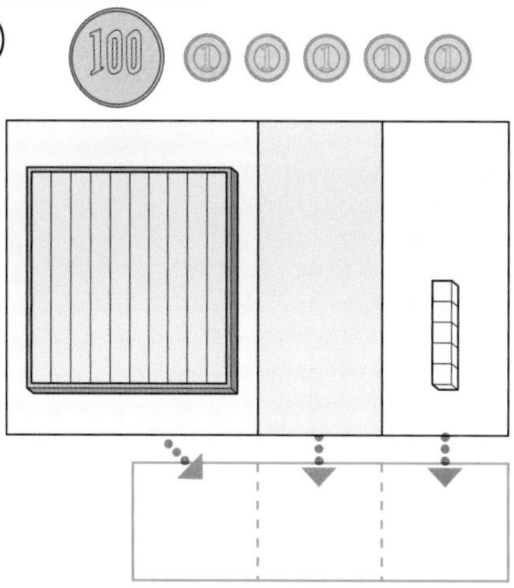

円

❷ かずを　よみましょう。

きょうかしょ54ページ 1

① 108　(　　　　　)

② 116　(　　　　　)

❸ かずを　かきましょう。

きょうかしょ54ページ 1

① ひゃくしち　(　　　　　)

② ひゃくじゅう　(　　　　　)

❹ □に　かずを　かきましょう。

きょうかしょ54ページ 1

108　109　□　111　□　113　□

ひんと

❷ いちばん　左《ひだり》の　1を　ひゃくと　よむよ。
❹ 9の　つぎは　10だから、109の　つぎは　いくつかな。

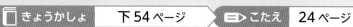

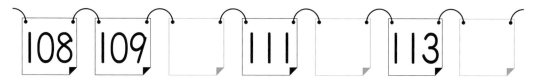

ぴったり1
じゅんび

がくしゅうび　　月　　日

15 大《おお》きい　かずを　かぞえよう
たしざんと　ひきざん

3分でまとめ

きょうかしょ　下55～58ページ　こたえ　24ページ

ねらい

(何十)＋(何十)、(何十)－(何十)の計算ができるようにします。　れんしゅう 1 →

1　けいさんを　しましょう。

①　30＋40＝[70]　　　②　60－50＝[　　]

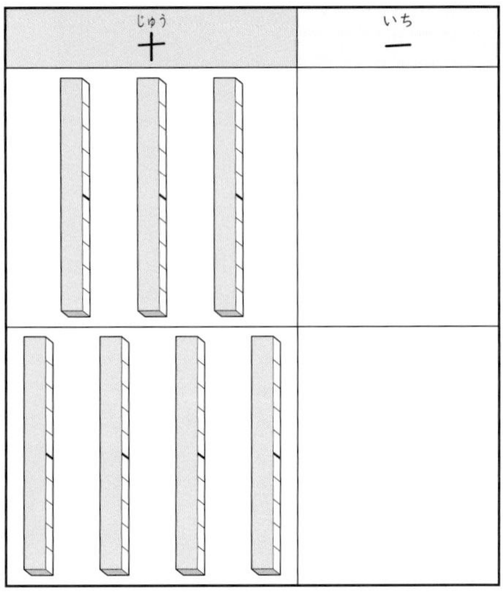

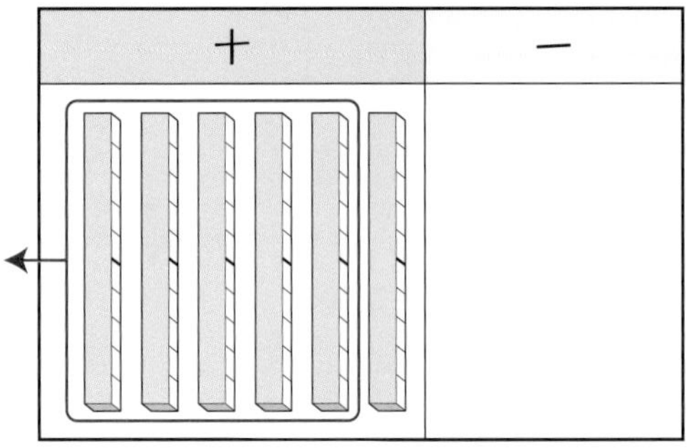

10の　まとまりが
3＋4＝7(こ)に　なるよ。

10の　まとまりが
6－5＝1(こ)に　なるよ。

ねらい

(1けた)＋(2けた)、(2けた)－(1けた)の計算ができるようにします。　れんしゅう 2 →

2　けいさんを　しましょう。

①　3＋26＝[　　]　　　②　68－5＝[　　]

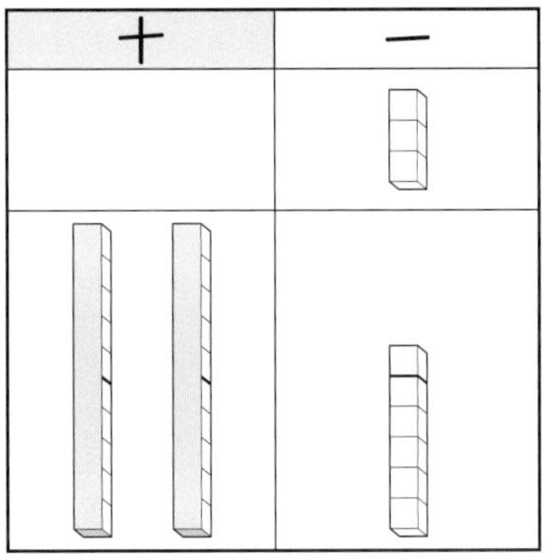

3と　6を
たすよ。

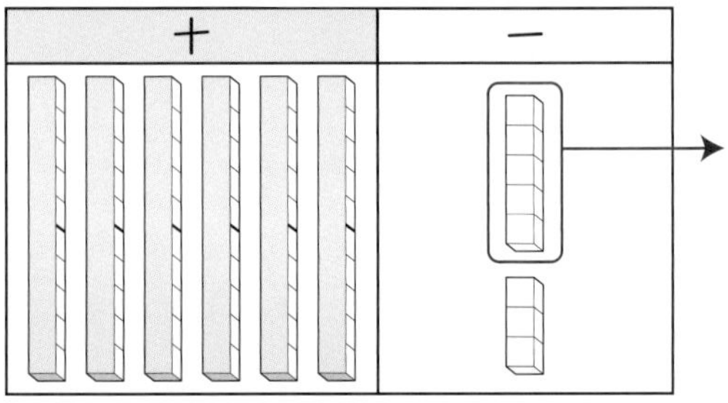

ぴったり2

れんしゅう

がくしゅうび　　月　　日

★できた　もんだいには、「た」を　かこう！★

でき ❶　でき ❷

きょうかしょ　下 55〜58 ページ　こたえ　24 ページ

❶ けいさんを　しましょう。

きょうかしょ55ページ 1、57ページ 3

① $30+50=\square$　② $20+80=\square$

③ $80-50=\square$　④ $100-10=\square$

❷ けいさんを　しましょう。

きょうかしょ56ページ 2、58ページ 4

① $23+3=\square$　② $50+2=\square$

③ $5+61=\square$

61は　60と1。
5と　60と　1で…

④ $7+40=\square$

! まちがいちゅうい

⑤ $76-2=\square$　⑥ $97-4=\square$

⑦ $53-3=\square$　⑧ $69-9=\square$

ひんと

❶ ①　10が　「3こと　5こで　8こ」と　かんがえるよ。
❷ ⑤　76を　70と　6に　わけて　かんがえよう。2は　6から　ひくよ。

ぴったり3

たしかめのテスト

15 大《おお》きい　かずを　かぞえよう

じかん 30 ぷん

／100

ごうかく 80 てん

きょうかしょ　下46〜59ページ　こたえ　25ページ

知識・技能　／90てん

1 なん本《ぼん》　ありますか。　(5てん)

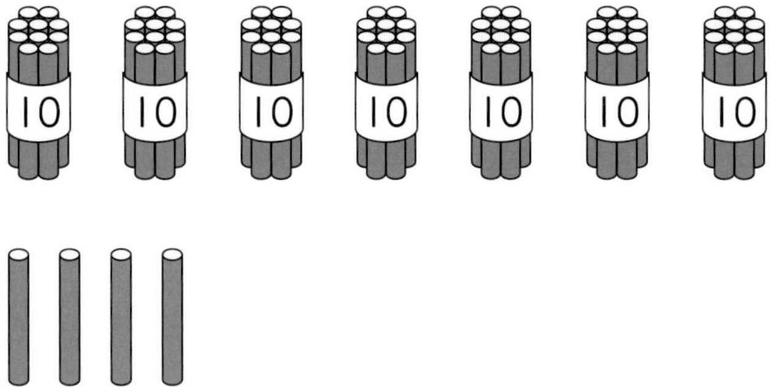

(　　　　)本《ほん》

2 よく出る　□に　かずを　かきましょう。　□1つ5てん(30てん)

① 10が　8こと、1が　6こで □。

② 10が　10こで □。

③ 37は、10が □ こと　1が □ こ。

④ 95は、あと □ で　100。

⑤ 100より　2　小《ちい》さい　かずは □。

3 よく出る □に　かずを　かきましょう。　□1つ5てん(15てん)

① 62　63　□　65

② □　100　90　□

4 大きい　ほうに　○を　つけましょう。　1つ5てん(10てん)

① 39　42
(　　)(　　)

② 111　107
(　　)(　　)

5 よく出る けいさんを　しましょう。　1つ5てん(30てん)

① 50＋20＝□　　② 100－50＝□

③ 70＋2＝□　　④ 46－6＝□

⑤ 34＋5＝□　　⑥ 85－2＝□

ふろくの「けいさんせんもんドリル」29～32も　やって　みよう！

思考・判断・表現　／10てん

できたらスゴイ！

6 0から　120までの　かずで、一《いち》のくらいが　4の　かずは　なんこ　ありますか。　(10てん)

(　　　　)こ

ふりかえり ❶が　わからない　ときは、78ページの　❶に　もどって　かくにんして　みよう。

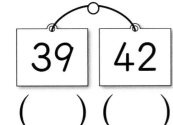

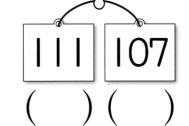

16 なんじなんぷん

なんじなんぷん

3分でまとめ

きょうかしょ　下60〜62ページ　こたえ　25ページ

ねらい

時計を見て、何時何分が読めるようにします。

れんしゅう 1 2

1 なんじなんぷんですか。

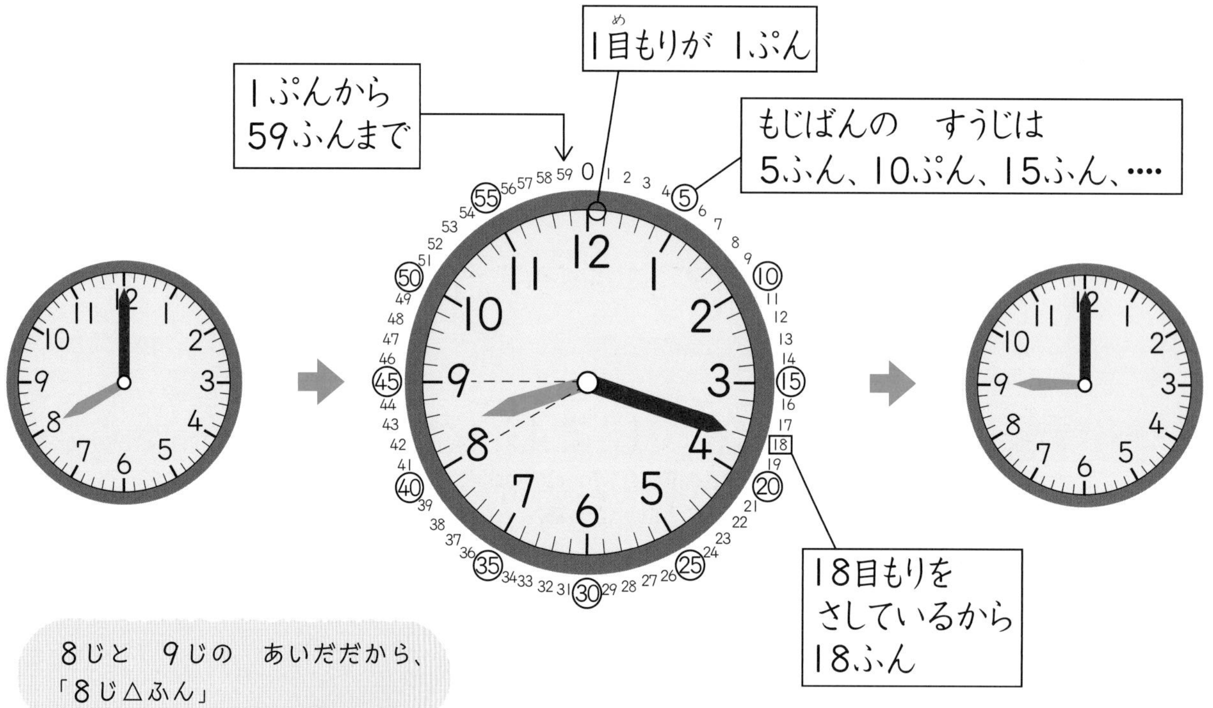
1目《め》もりが　1ぷん
1ぷんから
59ふんまで
もじばんの　すうじは
5ふん、10ぷん、15ふん、….
18目もりを
さしているから
18ふん

8じと　9じの　あいだだから、
「8じ△ふん」

8じと　9じの　あいだです。
→「8じなんぷん」

ながい　はりが　18目もり　すすんでいるので、
→「18ふん」

みじかい　はりで　「なんじ」、
ながい　はりで　「なんぷん」と
よむんだよ。

□じ 18 ふんです。

がくしゅうび　月　日

★できた　もんだいには、「た」を　かこう！★

① でき　② でき

きょうかしょ　下60〜62ページ　こたえ　25ページ

1 とけいを　よみましょう。

きょうかしょ61ページ 1

! まちがいちゅうい

①

9じはんとも
いったね。

（　　じ　　ぷん）

②

（　　じ　　ふん）

よくみて

③

（　　じ　　ふん）

④

1じ7ふん
まえとも
いうね。

（　　じ　　ぷん）

2 ながい　はりを　かきましょう。

きょうかしょ62ページ 2

① 3じ10ぷん

② 11じ37ふん

ひんと

1 もじばんの　すうじで　「なんぷん」を　よむときは、「1」→5ふん、「2」→10ぷん、「3」→15ふん、…と　5とびに　なるよ。

ぴったり3

たしかめのテスト

16 なんじなんぷん

じかん 30 ぷん

／100

ごうかく 80 てん

きょうかしょ 下60〜62ページ　こたえ 26ページ

知識・技能　／95てん

1 よく出る なんじなんぷんですか。　1つ10てん(40てん)

①

(　　じ　　ぷん)

②

(　　じ　　ぷん)

③

(　　じ　　ふん)

④

(　　じ　　ふん)

2 せんで　むすびましょう。　1つ10てん(30てん)

12じ 45ふん	2じ 30ぷん	9じ 22ふん

3 5じ5ふんの　とけいは　どれですか。　(5てん)

あ 　い 　う 

(　　　　)

4 よく出る　ながい　はりを　かきましょう。　1つ10てん(20てん)

① 6じ30ぷん

② 1じ58ふん

思考・判断・表現　　／5てん

できたらスゴイ！

5 1じまえから　1じすぎまで、じかんが　たつ じゅんに　ならべましょう。　(5てん)

あ 　い 　う 

(　　　→　　　→　　　)

ふりかえり　1が　わからない　ときは、88ページの　1に　もどって かくにんして　みよう。

ぴったり1
じゅんび

がくしゅうび　月　日

17 たすのかな　ひくのかな
ずに　かいて　かんがえよう

たすのかな　ひくのかな

きょうかしょ　下 63～68 ページ　こたえ　26 ページ

ねらい
順番を表す数も、たし算やひき算ができることを理解します。 れんしゅう 1→

1 ゆうやさんは、まえから　4ばん目《め》です。
ゆうやさんの　うしろには　3人《にん》　います。
みんなで　なん人　いますか。

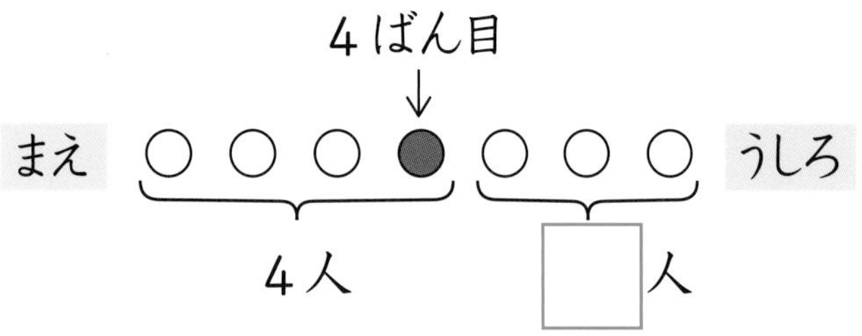

4ばん目
まえ
うしろ
4人
人

ずを　かくと、わかりやすいね。
4人と　3人で…。

しき

こたえ（　　　）人

ねらい
文章題で、多い、少ないの関係が、たし算、ひき算に表せるようにします。 れんしゅう 2 3→

2 りすが　10ぴき　います。
さるは　りすより　4ひき
すくないです。
さるは　なんびき　いますか。

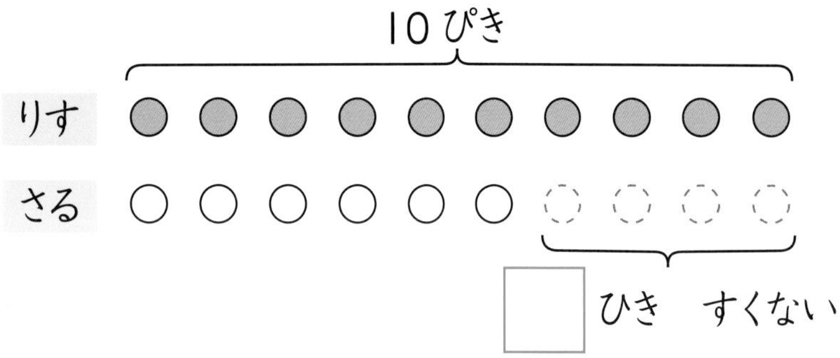

10ぴき
りす
さる
ひき　すくない

すくない　ほうの　かずは
ひきざんで　もとめるよ。

しき

こたえ（　　　）ぴき

ぴったり2

れんしゅう

がくしゅうび　　月　　日

★できた　もんだいには、「た」を　かこう！★

でき ①　でき ②　でき ③

きょうかしょ　下63～68ページ　こたえ　26ページ

1 子《こ》どもが　10人　ならんでいます。
けんたさんは　左《ひだり》から　6ばん目です。
けんたさんの　右《みぎ》には　なん人　いますか。

きょうかしょ63ページ 1

6ばん目
↓
左　○　○　○　○　○　●　○　○　○　○　右

しき

こたえ（　　　）人

2 5人が　1人《ひとり》ずつ　いすに　すわりました。
いすは　あと　6きゃく　のこっています。
いすは　ぜんぶで　なんきゃく　ありますか。

きょうかしょ65ページ 2

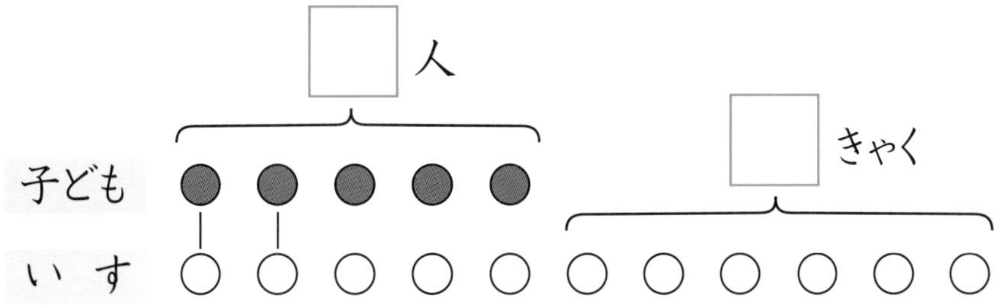

しき

こたえ（　　　）きゃく

よくよんで

3 ひつじが　6とう　います。
うまは　ひつじより　8とう
おおいです。
うまは　なんとう　いますか。

きょうかしょ67ページ 3

しき

こたえ（　　　）とう

ひんと
② ●と　○を　せんで　むすんで　かんがえよう。
③ おおい　ほうの　かずを　もとめる　もんだいだよ。ずを　かいてみよう。

17 たすのかな ひくのかな ずに かいて かんがえよう
なかよく わけよう

3分でまとめ
きょうかしょ 下69ページ こたえ 27ページ

ねらい
2等分、3等分の考え方を理解し、たし算を使って表現できるようにします。 れんしゅう 1→

1 あめが 6こ あります。
2人《ふたり》で おなじ かずに
なるように わけましょう。

1こずつ
わけていこう。

あや
たくみ

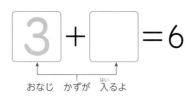

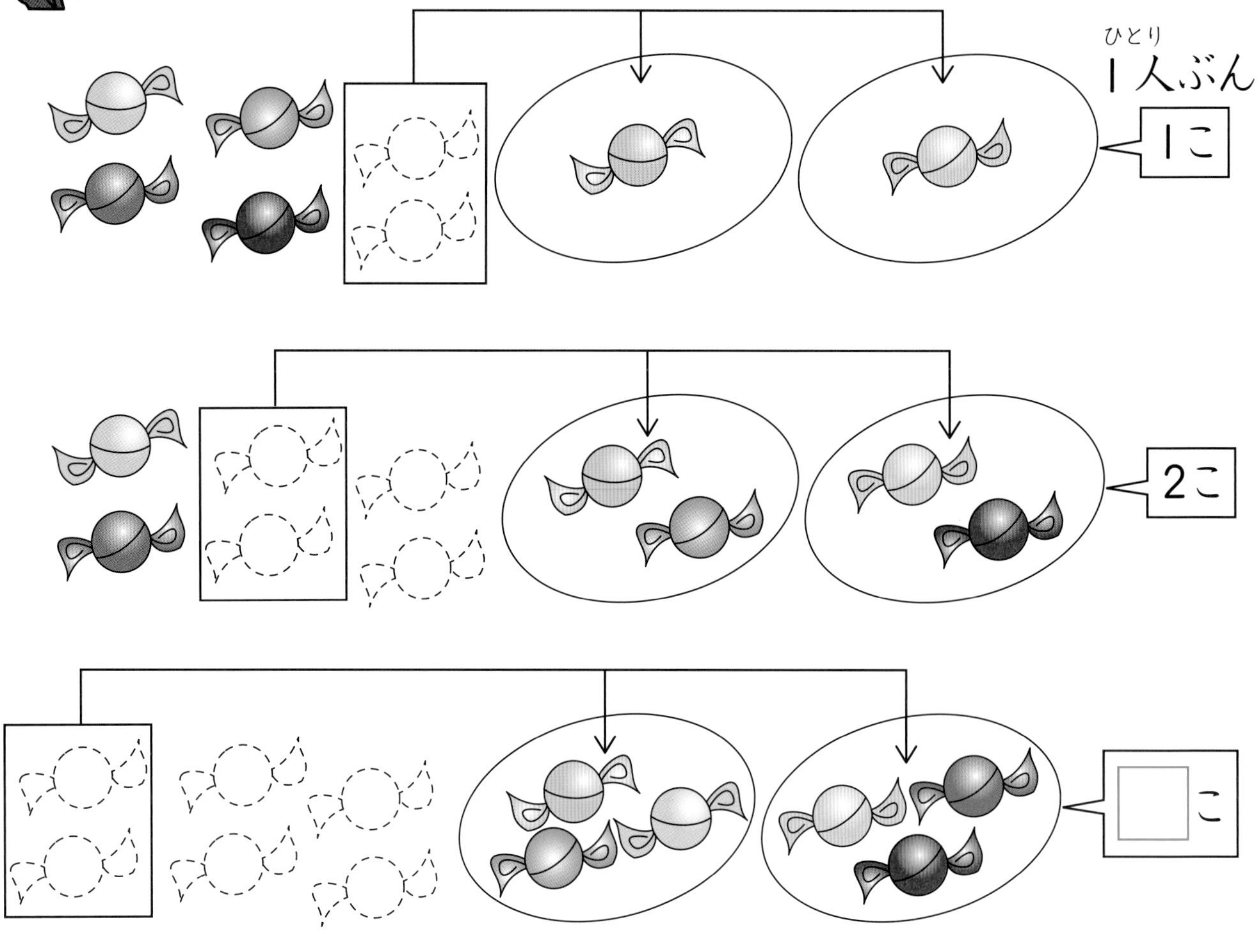
1人《ひとり》ぶん
1こ
2こ
□こ

3こずつに
わけられたね。

3 + □ ＝6

おなじ かずが 入《はい》るよ

ぴったり2
れんしゅう

がくしゅうび　月　日

★できた　もんだいには、「た」を　かこう！★

でき ①

きょうかしょ　下69ページ　　こたえ　27ページ

1 12この　チョコレ《ちょこれ》ート《と》を　おなじ　かずに
なるように　わけます。

きょうかしょ69ページ 1

① 2人で　わけます。ずを　かきましょう。

□＋□＝12　　　1人ぶんは □ こです。

おなじ　かずが　入るよ。

! まちがいちゅうい

② 3人《にん》で　わけます。ずを　かきましょう。

□＋□＋□＝12

おなじ　かずが　入るよ。

1人ぶんは □ こです。

ひんと **1** ① 1こずつ、しるしを　つけながら　わけていこう。
ずは、●を　つかおう。

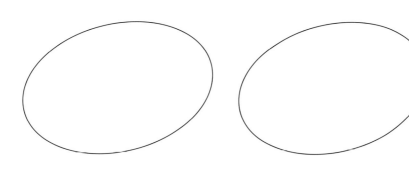

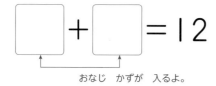

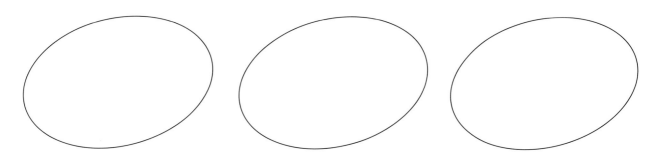

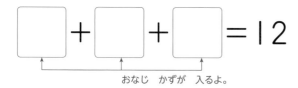

ぴったり3
たしかめのテスト

17 たすのかな　ひくのかな　ずに　かいて　かんがえよう

じかん 30 ぷん　／100　ごうかく 80 てん

きょうかしょ　下63〜69ページ　こたえ　27ページ

思考・判断・表現　／100てん

1 こうていに　ならびました。
あきらさんは　まえから　7ばん目《め》です。
あきらさんの　うしろには　6人《にん》　います。
みんなで　なん人　いますか。　しき・こたえ1つ10てん(20てん)

しき ［　　　　　］　　こたえ（　　　）人

2 よく出る　いちごが　11こ　あります。8まいの
さらに　1こずつ　のせると、いちごは　なんこ
のこりますか。
□に　ことばや　かずを　かいて　こたえましょう。
ずの10てん、しき・こたえ1つ10てん(30てん)

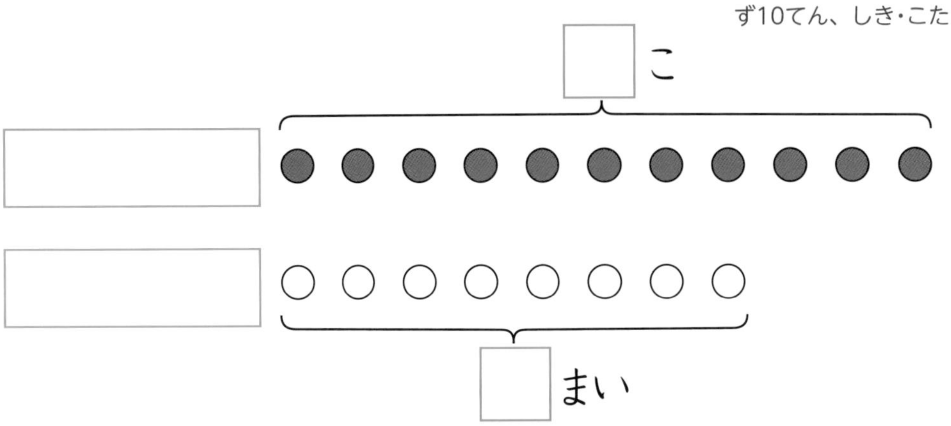

しき ［　　　　　］　　こたえ（　　　）こ

3 よく出る　ねこが　6ぴき　います。
いぬは　ねこより　5ひき
おおいです。
いぬは　なんびき　いますか。
ずを　かいて　こたえましょう。

ず10てん、しき・こたえ1つ10てん（30てん）

ねこ

いぬ

しき

こたえ（　　　）ぴき

4 みかんが　8こ　あります。
□に　かずを　かきましょう。

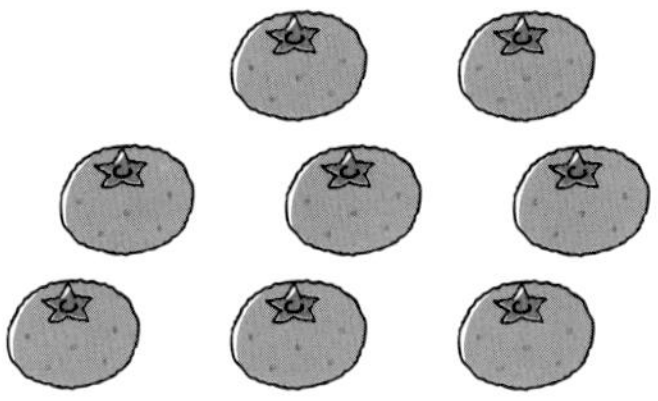

1もん10てん（20てん）

① 2人《ふたり》で　おなじ　かずに
なるように　わけましょう。

□＋□＝8

1人《ひとり》ぶんは　□こ

できたらスゴイ！

② 4人で　おなじ　かずに　なるように
わけましょう。

□＋□＋□＋□＝8

1人ぶんは　□こ

ふりかえり　**1**が　わからない　ときは、92 ページの　**1**に　もどって
かくにんして　みよう。

ぴったり1 **じゅんび**

がくしゅうび　　月　　日

18 かずしらべ

かずしらべ

きょうかしょ　下72〜73ページ　　こたえ　28ページ

ねらい

簡単なグラフにまとめて、グラフからいろいろなことが読みとれるようにします。　れんしゅう 1 →

1 りくさんの　クラス《くらす》では　あきかんを　あつめて　います。りくさんが　もってきた　あきかんの　かずを　せいりしましょう。

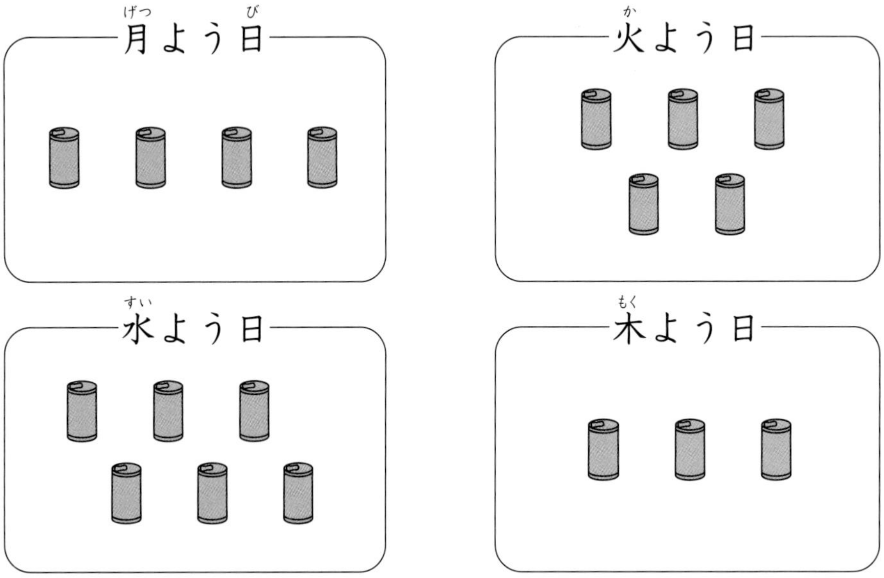

月《げつ》よう日《び》
火《か》よう日
水《すい》よう日
木《もく》よう日

このままでは
かずが
わかりにくいね。

火よう日は　□　こ、

水よう日は　□　こです。

いちばん　おおく　もってきた　のは　□　よう日で、いちばん　すくないときとの　ちがいは　□　こです。

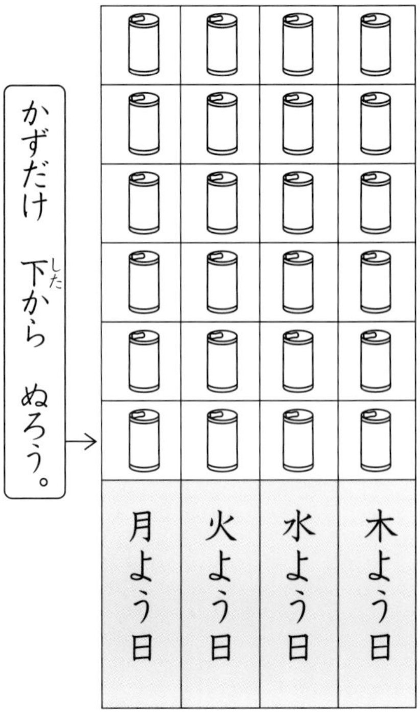

かずだけ　下《した》から　ぬろう。
月よう日
火よう日
水よう日
木よう日

れんしゅう

がくしゅうび　月　日

★できた　もんだいには、「た」を　かこう！★

でき　1

きょうかしょ　下72～73ページ　こたえ　28ページ

このほんの　おわりに　ある「はるの　チャレンジテスト」を　やって　みよう！

1 かぜで　やすんだ　人《ひと》の　かずを　しらべました。

きょうかしょ72～73ページで、せいりの　しかたを　かんがえよう。

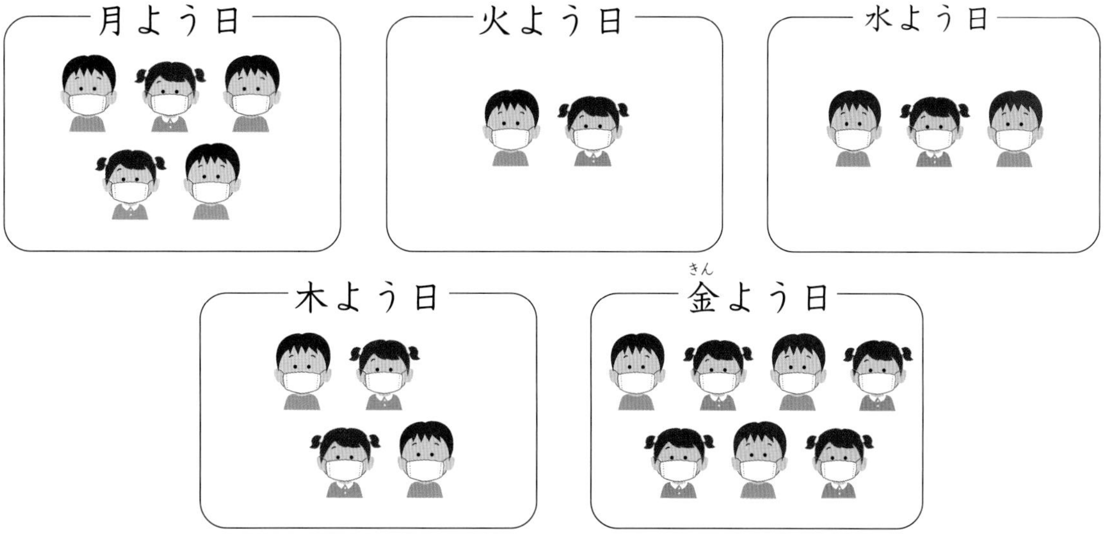
月よう日
火よう日
水よう日
木よう日
金《きん》よう日

① やすんだ　人の　かずだけ　いろを　ぬりましょう。

② 月よう日に　やすんだ　人と　水よう日に　やすんだ　人の　かずの　ちがいは　なん人《にん》ですか。

(　　　)人

よくよんで

③ やすんだ　人が　いちばん　おおいときと　いちばん　すくないときの　ちがいは　なん人ですか。

(　　　)人

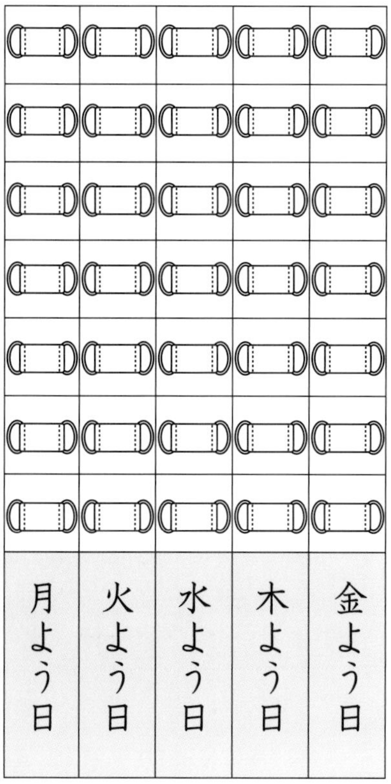
月よう日
火よう日
水よう日
木よう日
金よう日

ひんと　1 ① さいしょに、それぞれの　よう日に　やすんだ　人の　かずを　たしかめよう。

まとめのテスト

19 1年《ねん》の　まとめを　しよう
大《おお》きい　かず

じかん 20 ぷん　/100　ごうかく 80 てん

きょうかしょ 下 74〜75 ページ　こたえ 29 ページ

1 なんこ　ありますか。 (10てん)

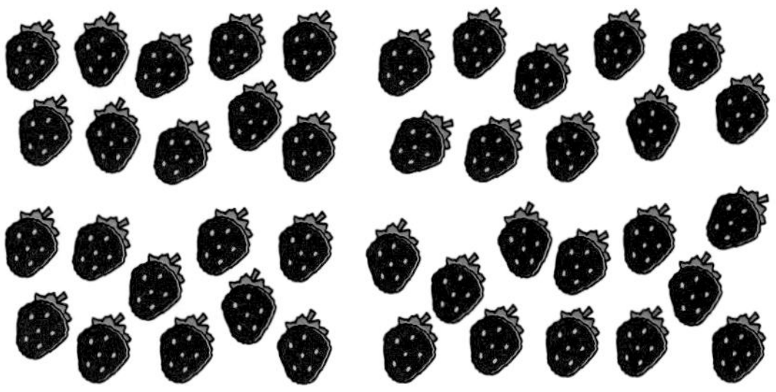

(　　　)こ

2 □に　かずを　かきましょう。 □1つ10てん(50てん)

① 10が　6こと、1が　9こで □。

② 32は　10を □こと、1を □こ　あわせた　かず。

③ 60は　10が □こ。

④ 100より　2　小《ちい》さい　かずは □。

3 □に　かずを　かきましょう。 1つ10てん(20てん)

① 66　□　70　72

② 75　□　85　90

4 70から　100まで、じゅんに　せんで　むすびましょう。 (20てん)

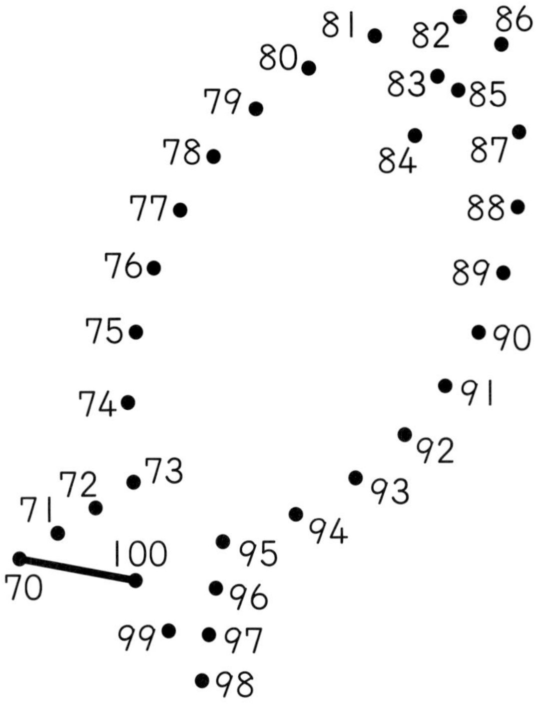

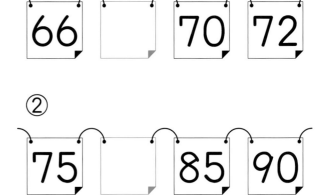

がくしゅうび　月　日

まとめのテスト

19 1年の　まとめを　しよう

たしざん、ひきざん

じかん 20 ぷん

/100

ごうかく 80 てん

きょうかしょ 下76～77ページ　こたえ 29ページ

1 7＋5の　しきに　なる　もんだいを　つくりましょう。

(20てん)

2 子《こ》どもが　13人《にん》　います。5人　かえって、3人　きました。
　子どもは　なん人に　なりましたか。

しき・こたえ1つ15てん(30てん)

しき

こたえ（　　　）人

3 おりがみが　14まい　あります。9人の　子どもに　1まいずつ　くばると、おりがみは　なんまい　のこりますか。

しき・こたえ1つ10てん(20てん)

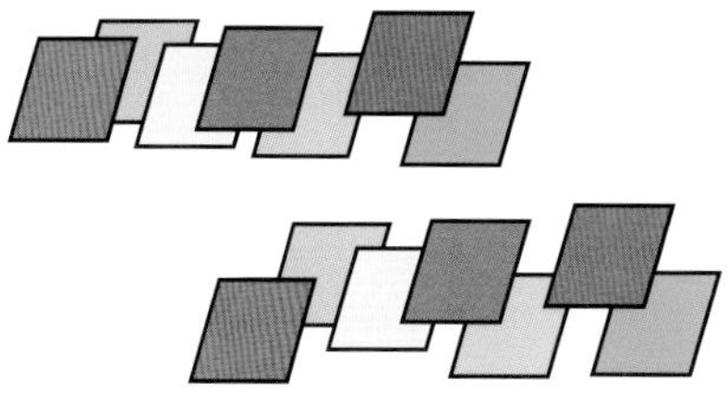

しき

こたえ（　　　）まい

4 しまうまが　6とう　います。きりんは　しまうまより　4とう　おおいです。
　きりんは　なんとう　いますか。ずを　かいて　もとめましょう。

ず10てん、しき・こたえ1つ10てん(30てん)

しまうま

きりん

しき

こたえ（　　　）とう

まとめのテスト

がくしゅうび　月　日

19　1年《ねん》の　まとめを　しよう

けいさん

じかん 20 ぷん

／100

ごうかく 80 てん

きょうかしょ　下 77 ページ　こたえ　30 ページ

1 けいさんを　しましょう。

1つ5てん(30てん)

① 3＋4＝

② 8＋2＝

③ 0＋5＝

④ 7－6＝

⑤ 10－3＝

⑥ 9－9＝

2 けいさんを　しましょう。

1つ5てん(20てん)

① 10＋3＝

② 10＋8＝

③ 15－5＝

④ 17－7＝

3 けいさんを　しましょう。

1つ5てん(30てん)

① 9＋4＝

② 3＋8＝

③ 7＋6＝

④ 15－6＝

⑤ 11－7＝

⑥ 13－8＝

4 けいさんを　しましょう。

1つ5てん(20てん)

① 10＋30＝

② 2＋24＝

③ 90－20＝

④ 35－3＝

がくしゅうび　　月　　日

まとめのテスト

19 1年の　まとめを　しよう

くらべてみよう、かたち、なんじなんぷん

じかん 20 ぷん

／100

ごうかく 80 てん

きょうかしょ 下 78〜79 ページ　こたえ 30 ページ

1 ひもの　ながい　じゅんに　ならべましょう。 (20てん)

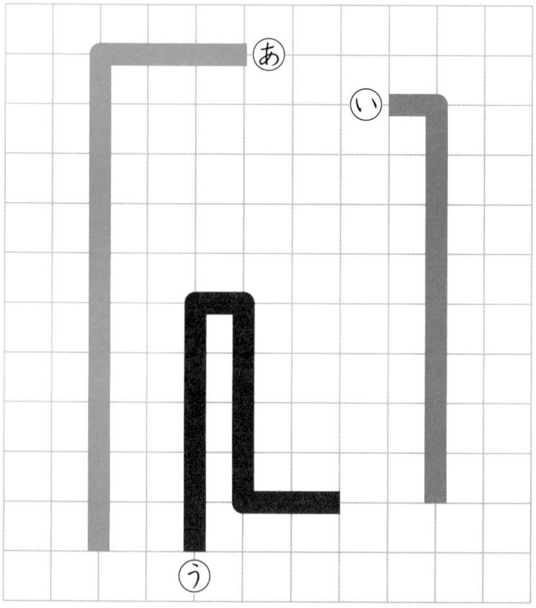

(　　　→　　　→　　　)

2 水《みず》は、どちらが　どれだけ　おおく　入《はい》りますか。 1つ10てん(20てん)

あ

い

(　　　　)の　ほうが

で　(　　　　)はいぶん　おおい。

3 あの　いろいたが　なんまいで　できますか。 1つ15てん(30てん)

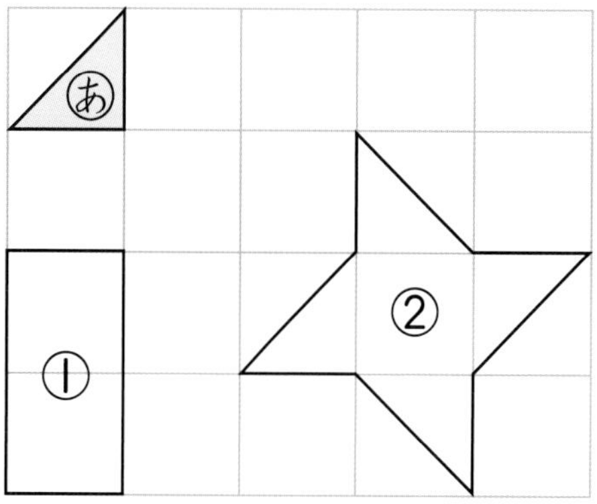

① (　　　　)まい

② (　　　　)まい

4 なんじなんぷんですか。 1つ15てん(30てん)

①

(　　　じ　　　ぷん)

②

(　　　じ　　　ぷん)

すじみちを　たてて　かんがえよう

がくしゅうび　　月　　日

プ《ぷ》ロ《ろ》グ《ぐ》ラ《ら》ミ《み》ン《ん》グ《ぐ》のプ《ぷ》

プログラミング

きょうかしょ　下80〜81ページ　こたえ　31ページ

下《した》の　めいれいカ《か》ード《ど》を　ならべて、めいれいの　とおりに　こまを　右《みぎ》の　シ《し》ート《と》の　上《うえ》で　うごかします。

シート

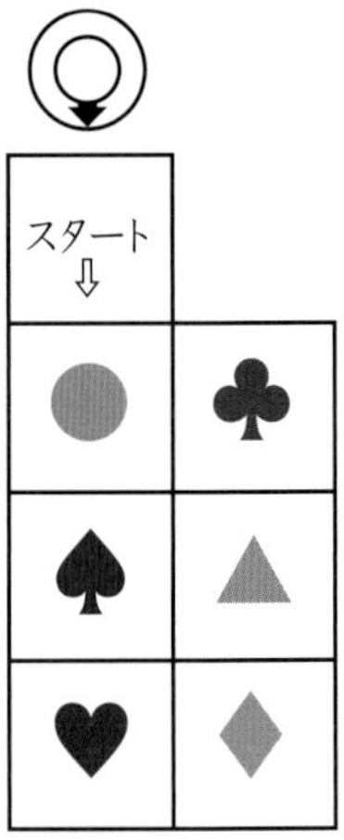

スタート

めいれいカード

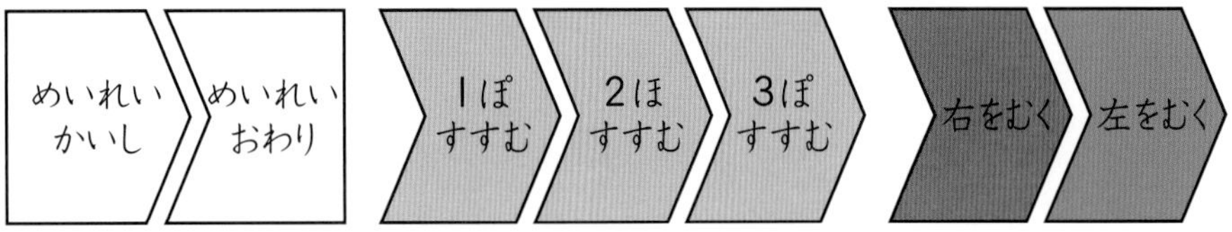

めいれい かいし
めいれい おわり
1ぽ すすむ
2ほ すすむ
3ぽ すすむ
右をむく
左をむく

めいれいカードと　こまの　うごき

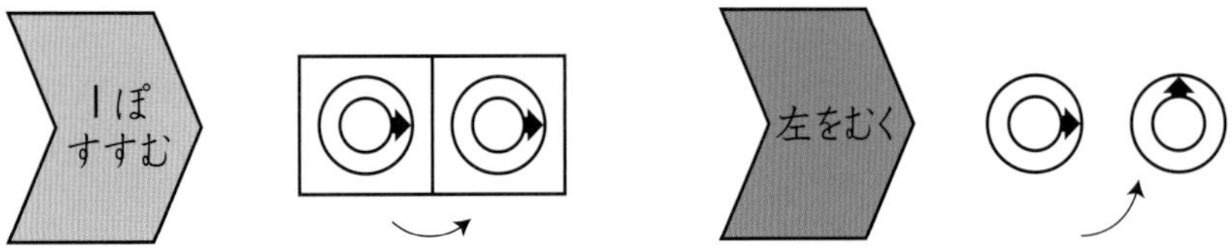

1ぽ すすむ
左をむく

こまを　上から
みているよ。

ス《す》タ《た》ート《と》から　▲マ《ま》ーク《く》に　こまを　うごかすときの　めいれいカードの　ならべかた

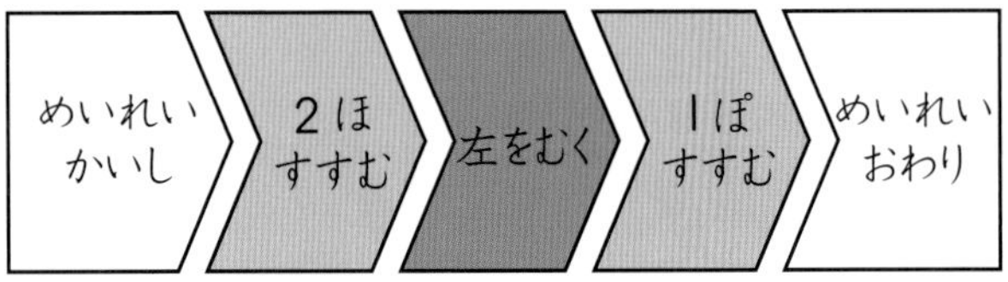

めいれい かいし
2ほ すすむ
左をむく
1ぽ すすむ
めいれい おわり

1 つぎの　めいれいを　したとき、こまは　どのマークの　上に　ありますか。

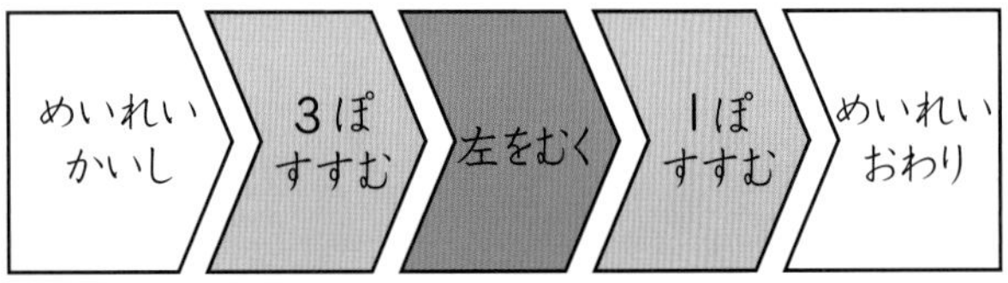

めいれい かいし
3ぽ すすむ
左をむく
1ぽ すすむ
めいれい おわり

(　　　　　　　　)

この　本の　おわりに　ある「学力しんだんテスト」を　やって　みよう！

6 けいさんを　しましょう。

1つ3てん(15てん)

① 3－2＝□

② 8－4＝□

③ 10－5＝□

④ 10－10＝□

⑤ 6－0＝□

7 みぎの　かたちを　みて　こたえましょう。

1つ3てん(9てん)

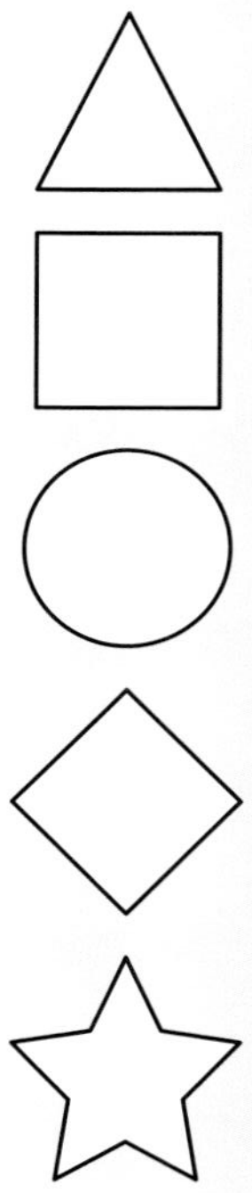

① うえから　2こめに　いろを　ぬりましょう。

② したから　2こを　○で　かこみましょう。

③ ◇は　なんばんめ　ですか。

(　　　)から

(　　　)ばんめ

思考・判断・表現　／16てん

8 あひるが　5わ　います。

3わ　くると、ぜんぶで　なんわに　なりますか。

しき・こたえ1つ3てん(6てん)

しき □

こたえ (　　　)わ

9 いちごが　10こ　ありました。

4こ　たべました。

のこりは　なんこに　なりましたか。

しき・こたえ1つ3てん(6てん)

しき □

こたえ (　　　)こ

10 したの　ぶろっくの　うごきに　あわせて　もんだいを　つくりましょう。

(4てん)

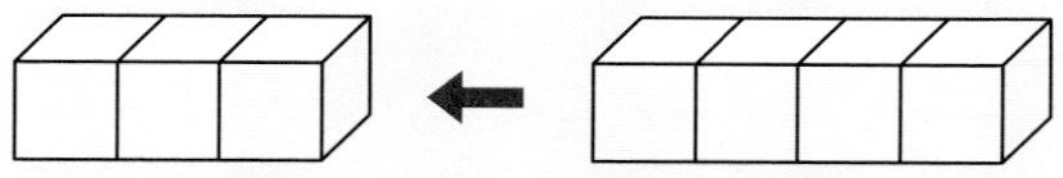

もんだい

じてんしゃが　3だい
とまっています。

なつのチャレンジテスト

きょうかしょ　上6～69ページ

なまえ　　月《がつ》　日《にち》

じかん　40ぷん

ごうかく80てん　／100

こたえ 32～33ページ

知識・技能　／84てん

1 □に　かずを　かきましょう。

□1つ3てん(12てん)

① □　1　□　3　4

② □　9　8　□　6

2 2つの　かずに　わけます。□に　かずを　かきましょう。

1つ3てん(12てん)

① 7 → 1　□

② 5 → □　2

③ 9 → 6　□

④ 8 → □　4

3 おおきい　ほうに　○を　つけましょう。

1つ3てん(6てん)

① 6　3
(　)(　)

② 8　10
(　)(　)

4 あわせて　10に　なるように、せんで　むすびましょう。

1つ3てん(15てん)

7・	・8
2・	・5
5・	・1
9・	・3
4・	・6

5 けいさんを　しましょう。

1つ3てん(15てん)

① 2＋3＝□

② 4＋5＝□

③ 3＋7＝□

④ 8＋0＝□

⑤ 0＋0＝□

うらにも　もんだいが　あります。

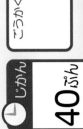

6 ながい　はりを　かきましょう。

1つ5てん(10てん)

① 8じ

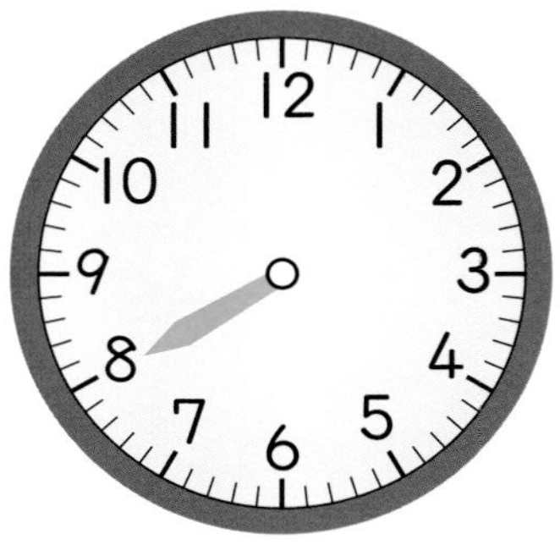

② 2じはん

7 じんとりゲ《げ》ーム《む》を　しました。
どちらが　ひろいですか。　(5てん)

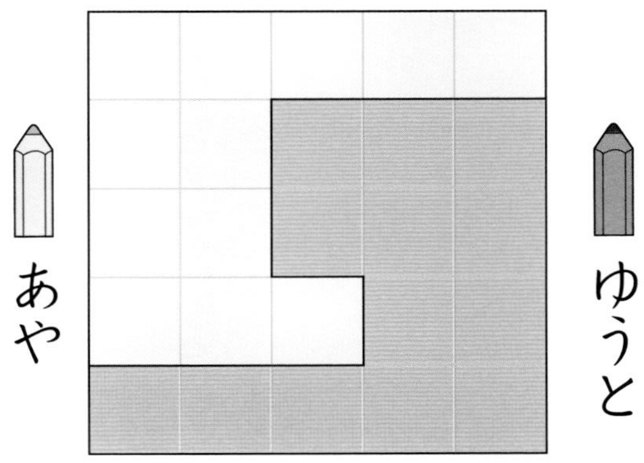

(　　　　)さん

8 ながい　じゅんに　ならべましょう。
(5てん)

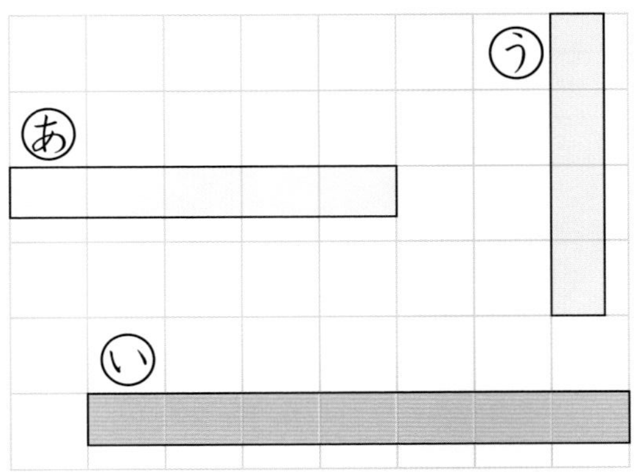

(　　→　　→　　)

思考・判断・表現　／15てん

9 みかんが　5こ　ありました。
5こ　もらいました。
そのあと　6こ　たべました。
　みかんは　なんこに　なりましたか。

しき・こたえ1つ5てん(10てん)

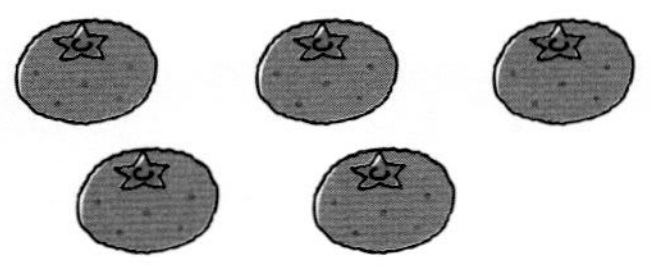

しき

こたえ (　　　　)こ

10 下《した》のように　2つの　なかまに
わけました。
　どのように　かんがえて
わけましたか。　(5てん)

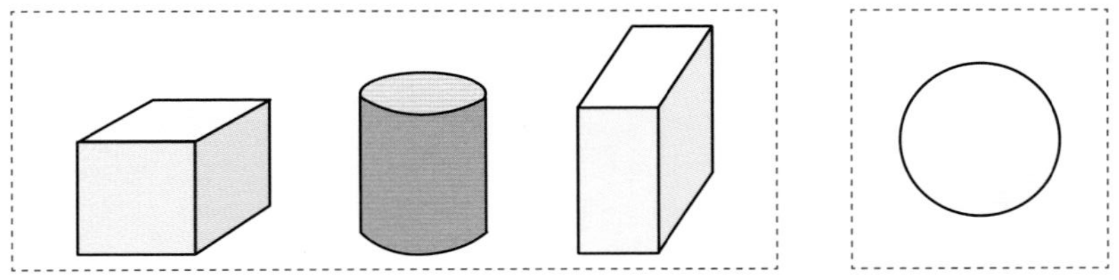

あ　たかく　つめる　かたちと、
　つめない　かたち。

い　ころがる　かたちと、
　ころがらない　かたち。

う　まるい　かたちと、
　まるくない　かたち。

(　　　　)

（切り取り線）

ふゆのチャレンジテスト

きょうかしょ　上72～下39ページ

なまえ　　月《がつ》　日《にち》

じかん　40ぷん

ごうかく80てん　／100

こたえ 34～35ページ

知識・技能　／85てん

1 なんびき　いますか。　(5てん)

（　　　）ひき

2 □に　かずを　かきましょう。　1つ4てん(12てん)

① 10と　8で　□。

② 15は　10と　□。

③ 10が　2こで　□。

3 □に　かずを　かきましょう。　□1つ4てん(16てん)

① 8　9　□　11　□

② 16　□　12　10　□

4 大《おお》きい　ほうに　○を　つけましょう。　1つ4てん(8てん)

① 9　13
（　）（　）

② 20　18
（　）（　）

5 けいさんを　しましょう。　1つ4てん(24てん)

① 12＋4＝□

② 6＋5＝□

③ 8＋7＝□

④ 19－6＝□

⑤ 13－4＝□

⑥ 11－5＝□

うらにも　もんだいが　あります。

（切り取り線）

6 なんじなんぷんですか。　1つ4てん(8てん)

①

(　　　)じ(　　　)ふん

②

(　　　)じ(　　　)ふん

思考・判断・表現　／28てん

7 うまが　7とう　います。
　うしは、うまより　5とう　おおく います。　①4てん ②しき・こたえ1つ2てん(8てん)

①　ずを　かきましょう。

うま

うし

②　うしは　なんとう　いますか。

しき

こたえ(　　　)とう

8 12人《にん》が　1れつに　ならびました。たかしさんは　まえから　6ばん目《め》です。
　たかしさんの　うしろには　なん人　いますか。　しき・こたえ1つ4てん(8てん)

しき

こたえ(　　　)人

9 8人が　ふうせんを　1こずつ　もっています。
ふうせんは　あと　7こ　のこって　います。
　ふうせんは　ぜんぶで　なんこ　ありますか。　しき・こたえ1つ4てん(8てん)

しき

こたえ(　　　)こ

10 1まいだけ　うごかして　つくりました。
　どれを　うごかしましたか。　(4てん)

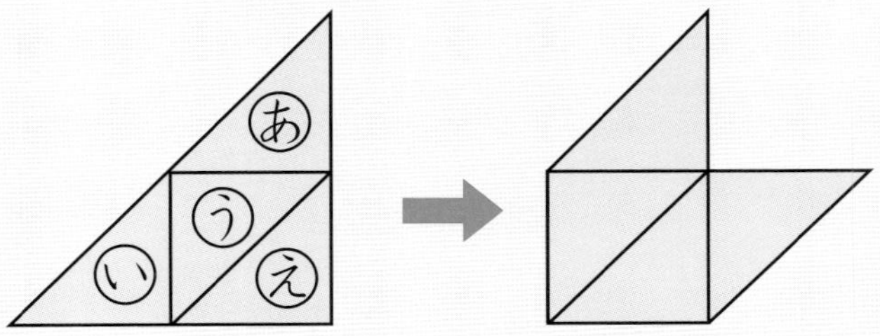

(　　　)

はるのチャレンジテスト

きょうかしょ　下42〜73ページ

なまえ　　月《がつ》　日《にち》

じかん 40ぷん　ごうかく80てん　／100

こたえ 36〜37ページ

知識・技能　／72てん

1 なん円《えん》ですか。 (4てん)

(　　　　)円

2 □に　かずを　かきましょう。

□1つ4てん(16てん)

① 10が　9こと　1が　2こで □。

② 85は、10が □こと、1が □こ。

③ 10が　10こで □。

3 □に　かずを　かきましょう。

□1つ4てん(16てん)

①

76　□　80　82　□

②

85　90　□　100　□

4 小《ちい》さい　じゅんに　ならべましょう。

(4てん)

87　78　92

(　　→　　→　　)

5 けいさんを　しましょう。

1つ4てん(24てん)

① 20+50=□

② 2+33=□

③ 60+7=□

④ 40−30=□

⑤ 87−4=□

⑥ 56−6=□

うらにも　もんだいが　あります。

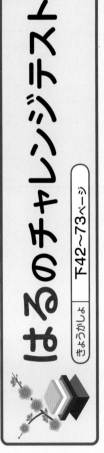

9 どうぶつの　かずを　しらべて　せいりしました。

1つ4てん(8てん)

① いちばん　おおい　どうぶつは　なんですか。

(　　　　)

② いちばん　おおい　どうぶつと　いちばん　すくない　どうぶつの　ちがいは　なんびきですか。

(　　　　)ひき

10 バスていで　バスを　まって　います。

1つ4てん(12てん)

① まって　いる　人《ひと》は　7人《にん》　いて、みなとさんの　まえには　4人　ならんで　います。みなとさんは　うしろから　なんばん目《め》ですか。

うしろから　□　ばん目

② バスが　きました。バスには　はじめ　3人　のって　いました。この　バスていで　まって　いる　人　みんなが　のり、つぎの　バスていで　5人が　おりました。バスには　いま　なん人　のって　いますか。

しき　□

こたえ(　　　　)人

活用力をみる

11 かべに　えを　はって　います。□に　はいる　ことばを　かきましょう。

□1つ4てん(16てん)

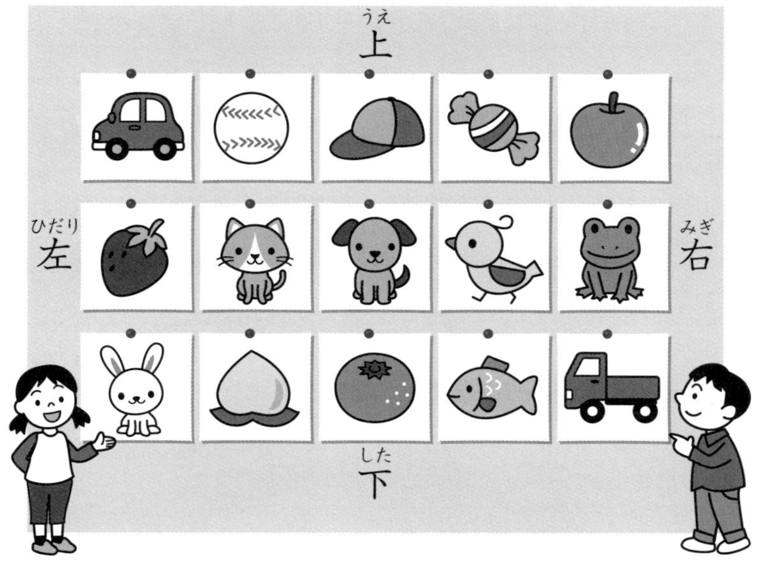

① さかなの　えは　みかんの　えの　□に　あります。

② いちごの　えは　車《くるま》の　えの　□に　あります。

③ 犬《いぬ》の　えは　□の　えの　□に　あります。

12 ゆいさんと　さくらさんは　じゃんけんで　かったら　□を　1つ　ぬる　ばしょとりあそびを　しました。どちらが　かちましたか。その　わけも　かきましょう。

1つ4てん(8てん)

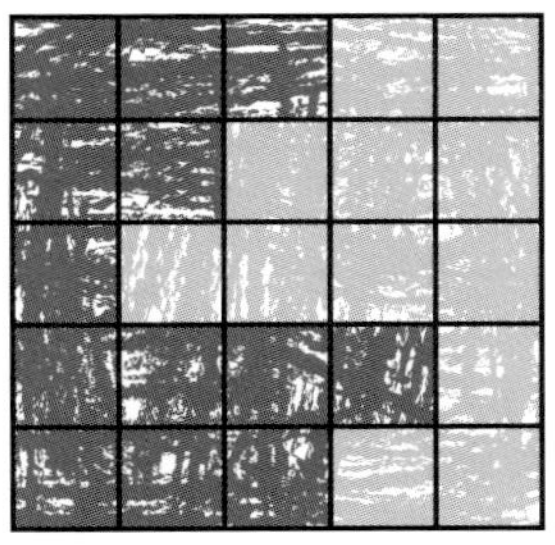

□…ゆいさん
■…さくらさん

かったのは(　　　　)さん

わけ(　　　　)

1年 さんすうのまとめ

学力しんだんテスト

なまえ　　　　月　　日

じかん 40ぷん　ごうかく80てん　／100

こたえ 38ページ

1 □に　かずを　かきましょう。 1つ2てん(4てん)

① 10が　3こと　1が　7こで　□

② 10が　10こで　□

2 □に　かずを　かきましょう。 □1つ3てん(12てん)

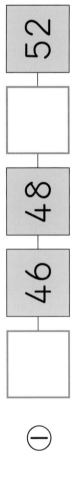

① □－46－48－□－52

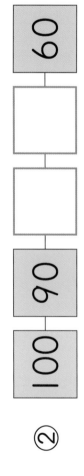

② 100－90－□－□－60

3 けいさんを　しましょう。1つ3てん(18てん)

① 8＋6＝□　② 14－9＝□

③ 0－0＝□　④ 30＋40＝□

⑤ 33＋4＝□　⑥ 29－7＝□

4 11人《にん》で　キャンプに　いきました。その　うち　子《こ》どもは　7人です。おとなは　なん人ですか。1つ3てん(6てん)

しき

こたえ（　　）人

5 なんじなんぷんですか。 (3てん)

（　　　）

6 ㋐～㋓の　中《なか》から　たかく　つめる　かたちを　すべて　こたえましょう。 (ぜんぶできて　3てん)

㋐　㋑　㋒　㋓

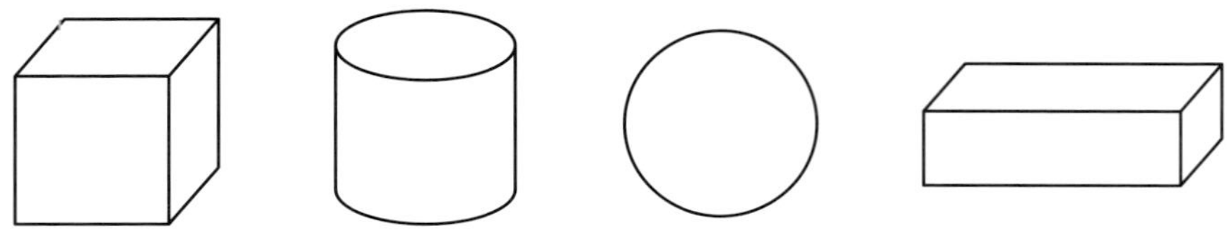

（　　　）

7 下《した》の　かたちは、㋐の　いろいたが　なんまいで　できますか。 1つ3てん(6てん)

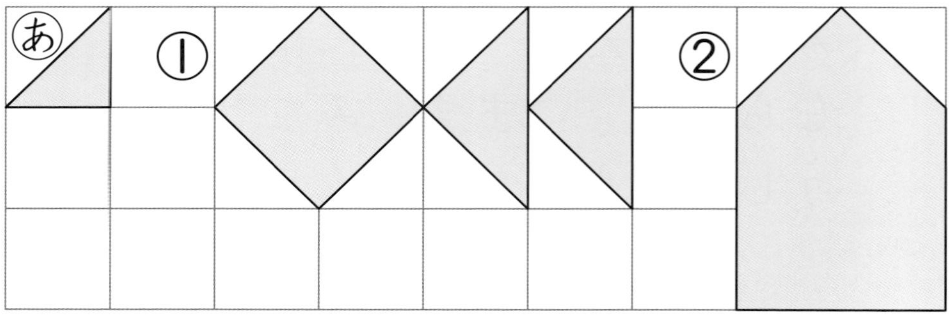

①（　　）まい　②（　　）まい

8 水《みず》の　かさを　くらべます。正《ただ》しい　くらべかたに　○を　つけましょう。 (4てん)

①　②

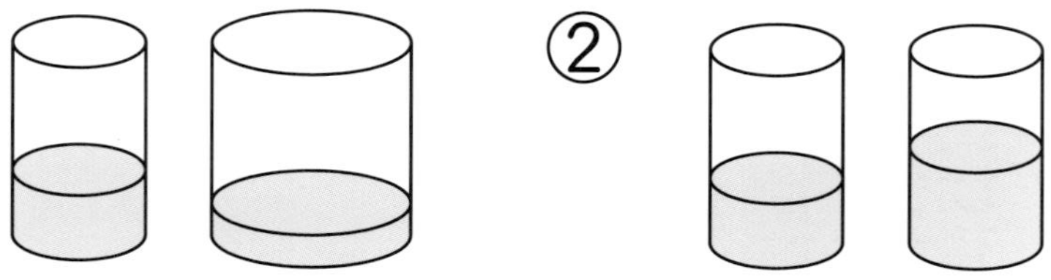

（　　）　（　　）

うらにも　もんだいが　あります。

教科書ぴったりトレーニング

まるつけラクラクかいとう

この「まるつけラクラクかいとう」はとりはずしてお使いください。

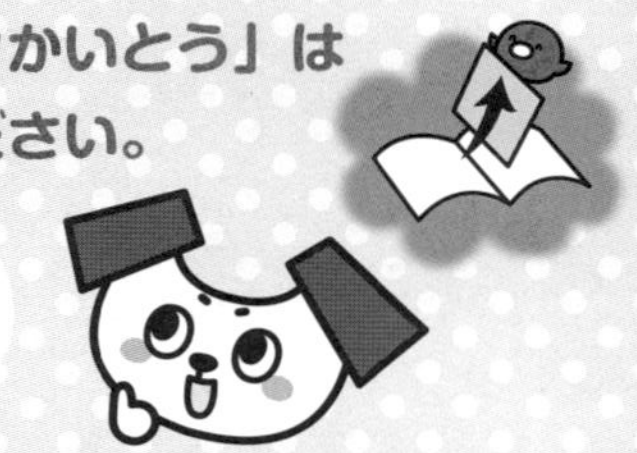

学校図書版
算数１年

「まるつけラクラクかいとう」では問題と同じ紙面に、赤字で答えを書いています。

おうちのかたへ では、次のようなものを示しています。
- 学習のねらいやポイント
- 他の学年や他の単元の学習内容とのつながり
- まちがいやすいことやつまずきやすいところ

お子様への説明や、学習内容の把握などにご活用ください。

見やすい答え

くわしいてびき

おうちのかたへ

11 おおきさくらべ (1)

ぴったり1　46ページ　ぴったり2　47ページ　ぴったり1　48ページ　ぴったり2　49ページ

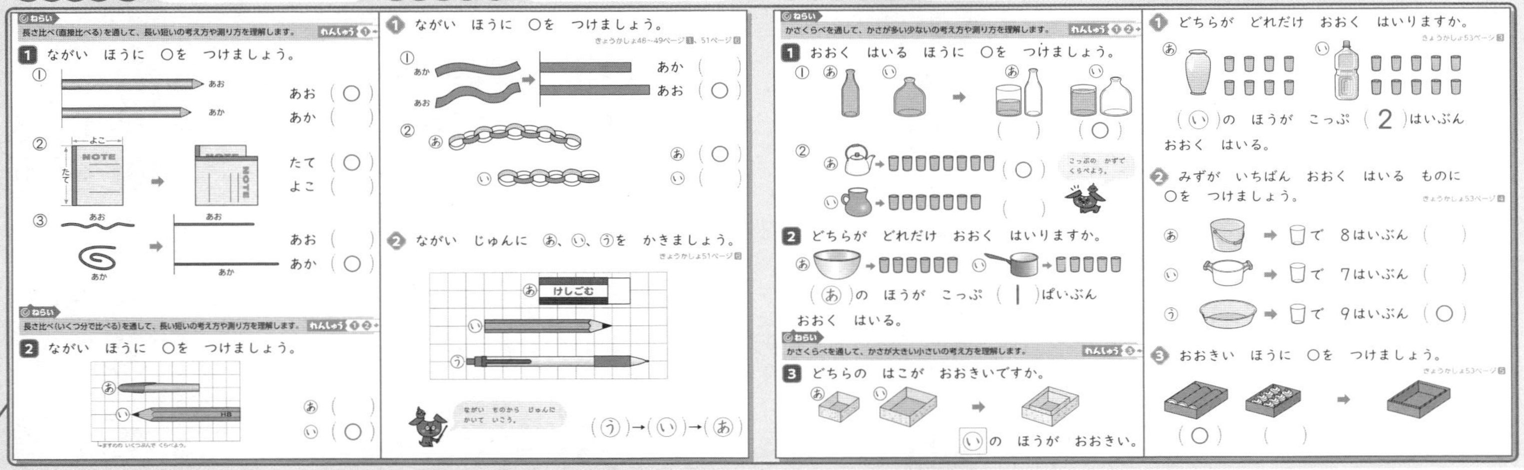

ぴったり1

1 長さを直接比べます。
①端が揃っているから、青のほうが長いことがわかります。
②縦と横を直接重ねて比べます。どの長さが縦で、どの長さが横になるのかもしっかり理解しましょう。
③まっすぐにして、端を揃えて比べます。

2 方眼のます目を使って、長さをますのいくつ分で表し、数で長さを比べます。あは６つ分、いは８つ分だから、いのほうが長いことがわかります。

ぴったり2

❶ ①まっすぐにして、端を揃えて比べます。
②輪飾り１つの大きさは、どれも同じと考えて、輪飾りの数で長さを比べます。あは９つ分、いは６つ分だから、あのほうが長いことがわかります。

❷ 比べるものが３つになっても、比べ方は同じです。あは５つ分、いは７つ分、うは１０個分です。数の多い順に記号を書きましょう。

ぴったり1

1 ①同じ大きさの容器に移すと、水面の高さでかさを比べることができます。
②コップを使って、かさをコップのいくつ分で表し、コップの数でかさを比べます。
あは８杯分、いは７杯分だから、あのほうがかさが多いことがわかります。

2 あは６杯分、いは５杯分です。

3 箱のかさの大きい小さいは、重ねると比べられます。

ぴったり2

❶ あは８杯分、いは１０杯分です。

❷ 比べるものが３つになっても、比べ方は同じです。コップのいくつ分で表したとき、数がいちばん多いものが答えになります。

❸ 重ねると、ロールケーキが入っている箱のほうが大きいことがわかります。

おうちのかたへ
長さやかさを、数に置き換えたりすることは、これから学習する長さやかさの単位の土台となります。

※紙面はイメージです。

1 10までの　かず

ぴったり1　2ページ

ねらい
ものの集まりを○や数字などと対応させ、5までの数を理解します。　れんしゅう
1 えの　かずだけ、○に　いろを　ぬりましょう。
えを
1つずつ
ゆびで
おさえながら
ぬろう。
ねらい
5までの数について、数字をかくことができるようにします。　れんしゅう
2 ●の　かずを　すうじで　かきましょう。
いち　1 1 1 1 1
うすい じを なぞって、つづけて かきましょう。
に　2 2 2 2 2
さん　3 3 3 3 3
し(よん)　4 4 4 4 4
ご　5 5 5 5 5

ぴったり2　3ページ

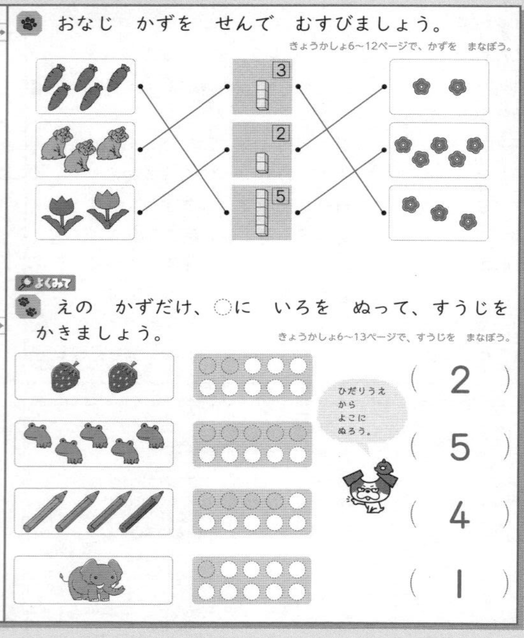
おなじ　かずを　せんで　むすびましょう。
きょうかしょ6～12ページで、かずを　まなぼう。
3　2　5
よくみて
えの　かずだけ、○に　いろを　ぬって、すうじを　かきましょう。
きょうかしょ6～13ページで、すうじを　まなぼう。
ひだりうえ
から
よこに
ぬろう。
(2)
(5)
(4)
(1)

ぴったり1　4ページ

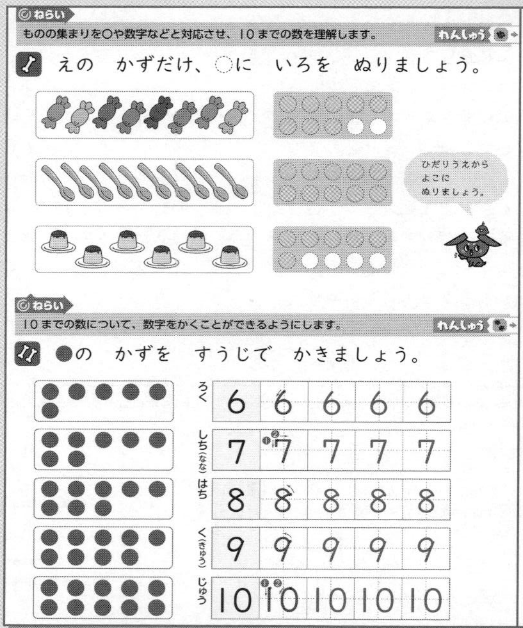
ねらい
ものの集まりを○や数字などと対応させ、10までの数を理解します。　れんしゅう
1 えの　かずだけ、○に　いろを　ぬりましょう。
ひだりうえから
よこに
ぬりましょう。
ねらい
10までの数について、数字をかくことができるようにします。　れんしゅう
2 ●の　かずを　すうじで　かきましょう。
ろく　6 6 6 6 6
しち(なな)　7 7 7 7 7
はち　8 8 8 8 8
く(きゅう)　9 9 9 9 9
じゅう　10 10 10 10 10

ぴったり2　5ページ

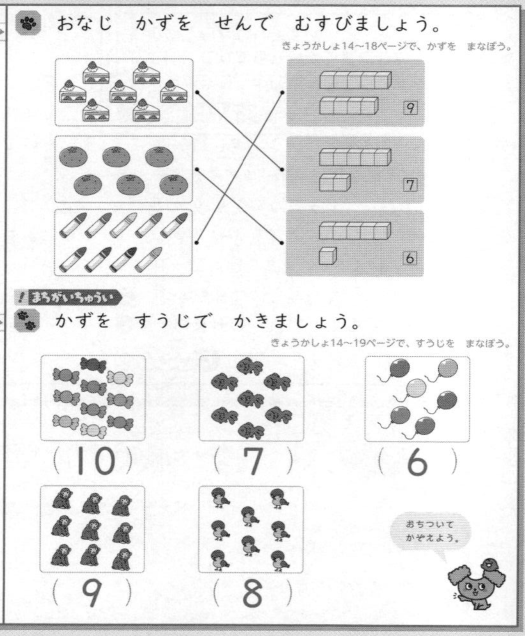
おなじ　かずを　せんで　むすびましょう。
きょうかしょ14～18ページで、かずを　まなぼう。
9　7　6
まちがいちゅうい
かずを　すうじで　かきましょう。
きょうかしょ14～19ページで、すうじを　まなぼう。
(10)　(7)　(6)
(9)　(8)
おちついて
かぞえよう。

ぴったり1

1 　1から5までの数の大きさを知ります。具体物を○などの半具体物に置き換えることで、個数がとらえやすくなります。
絵を1つずつ指で押さえながらぬりましょう。左上から横にぬっていきます。

2 　数字が読めて、書けるようになる練習をしましょう。数字と個数がすぐに結びつくようになることが大切です。声に出したり、指を折ったりして、くり返し練習します。

ぴったり2

・ 具体物や半具体物(ブロックや○など)と数字が対応できるようにします。具体物や半具体物の個数を、声に出しながら数えるようにしましょう。それから数を数字で表してみましょう。

・ ぬる色は何色でもかまいません。楽しく学習できるとよいでしょう。
数字の書き方に注意します。

ぴったり1

1 　数が増えるので、数え落としたり、二度数えたりしないような工夫が必要です。絵に✓などの印をつけるとよいでしょう。

2 　曲線が多いので書きにくいですが、ゆっくり丁寧に練習します。
「10」は、2つの数字で構成されています。1と0の間をあけすぎたり、くっつけすぎたりしないようにしましょう。

ぴったり2

・ 左の絵の数を数えて、数字で表してから線で結ぶようにしましょう。
0～9の10個の数字がすべての基本となります。読み、書き、その表す数の大きさをしっかりマスターしましょう。0は、次の単元で学習します。

・ 指でさしながら、声に出して数を数えるようにしましょう。

ぴったり1　6ページ

◎ねらい　何もないことを表すのに、数字の0で表すことを理解します。　れんしゅう

Ⅰ ●の　かずを　すうじで　かきましょう。

●●（2）
●（1）
（0）

れい　0 0 0 0 0

なにも　ないときも　すうじで　あらわせるよ。0と　かこう。

◎ねらい　ものの個数の多い、少ない、数の大小が理解できるようにします。　れんしゅう

Ⅱ おおい　ほうに　○を　つけましょう。

（　）（○）　（○）（　）

いちごは　9こ、みかんは…

Ⅲ おおきい　ほうに　○を　つけましょう。

3　5　（　）（○）
8　6　（○）（　）

ぴったり2　7ページ

かずを　すうじで　かきましょう。　きょうかしょ20ページで、0について　かんがえよう。

まちがいちゅうい

（2）（1）（0）

おおい　ほう、おおきい　ほうに　○を　つけましょう。　きょうかしょ21〜22ページで、おおい　すくないを　かんがえよう。

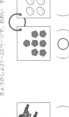

（○）（　）　（○）（　）

おはじきは　7こだね。

8　0　（○）（　）
7　10　（　）（○）

□に　かずを　すうじで　かきましょう。　きょうかしょ22〜23ページで、かずの　じゅんじょを　しろう。

0−1−2−3−4−5
6−7−8−9−10

ぴったり3　8〜9ページ

知識・技能　／84てん

1 おなじ　かずを　せんで　むすびましょう。　1つ9てん（36てん）

2 よく出る　どちらが　おおきいですか。おおきい　ほうに　○を　つけましょう。　1つ9てん（18てん）

① 9　5　（○）（　）
② 4　8　（　）（○）

3 よく出る　□に　かずを　かきましょう。　□1つ5てん（20てん）

① 0−1−2−3−4
② 10−9−8−7−6

4 1から　じゅんに、せんで　つなぎましょう。　（10てん）

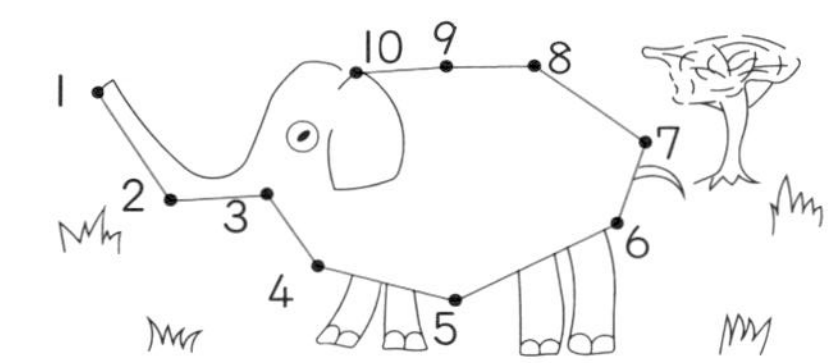

思考・判断・表現　／16てん

5 てきたらスゴイ！　どちらが　おおいですか。おおい　ぶんだけ　○で　かこみましょう。　1つ8てん（16てん）

①

②

ぴったり1

Ⅰ 何もないことも、数字で表すことができることを学びます。

Ⅱ 数の多い少ないを理解します。個数を比べて、余る方が「多い」、足りない方が「少ない」です。

Ⅲ 数の大きい小さいが数字で判別できるようにします。難しい場合は、数字の横に・などをかいて比べてもよいです。

ぴったり2

右端のかごには何も入っていません。これを0と表します。

絵のある問題は、「つばめは5わ」、「はとは3わ」と、数を数えさせてから答えるようにしましょう。数字だけの問題は、数字を見て、その数字が表す大きさがわかるようにします。0は、いちばん小さい数です。

数の順序をしっかり覚えさせます。数は小さい順に並んでいます。

ぴったり3

1 この問題のほかにも、身の回りの物を数えたり、生活の中の数字を見つけたりして、楽しく学習できるように工夫してみましょう。

2 ほかの数でもやってみましょう。くり返しの練習が大切です。

3 ①数字は小さい順に並んでいます。右に行くと大きく、左に行くと小さくなることに気づかせます。1より小さい数は0です。
②数字は大きい順に並んでいます。右に行くと小さく、左に行くと大きくなることに気づかせます。
小さい順でも大きい順でも、数が唱えられるようにしておきます。

4 クイズや遊びを通して、数の大きさや順序の理解を確実なものにしましょう。

5 ①は、ソフトクリームとアイスキャンデー、②は、ねこと犬を1つずつ線で結んで対応させます。余った分が「おおいぶん」です。
○で囲む絵は、右はしでも左はしでもよいです。

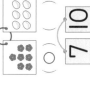

ぴったり1 10ページ　ぴったり2 11ページ

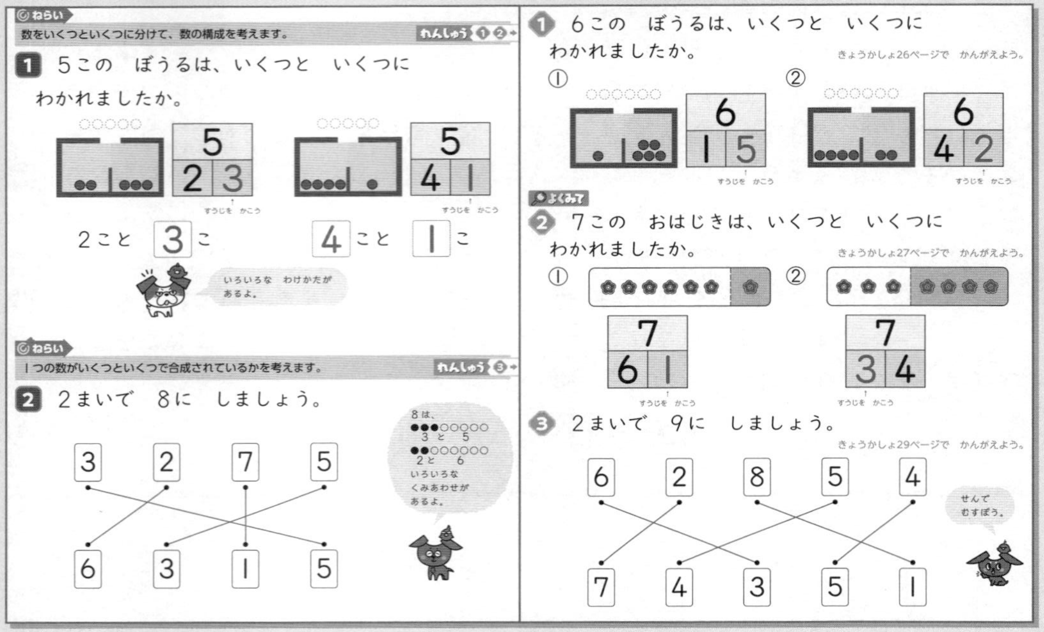
ねらい
数をいくつといくつに分けて、数の構成を考えます。　れんしゅう 1 2

1 5この ぼうるは、いくつと いくつに わかれましたか。

5 / 2 3　5 / 4 1

すうじを かこう

2こと 3こ　4こと 1こ

いろいろな わけかたが あるよ。

ねらい
1つの数がいくつといくつで合成されているかを考えます。　れんしゅう 3

2 2まいで 8に しましょう。

3 2 7 5

6 3 1 5

8は、
3と5
2と6
いろいろな くみあわせが あるよ。

1 6この ぼうるは、いくつと いくつに わかれましたか。

きょうかしょ26ページで かんがえよう。

① 6 / 1 5　② 6 / 4 2

すうじを かこう

よくみて

2 7この おはじきは、いくつと いくつに わかれましたか。

きょうかしょ27ページで かんがえよう。

① 7 / 6 1　② 7 / 3 4

すうじを かこう

3 2まいで 9に しましょう。

きょうかしょ29ページで かんがえよう。

6 2 8 5 4

7 4 3 5 1

せんで むすぼう。

ぴったり1 12ページ　ぴったり2 13ページ

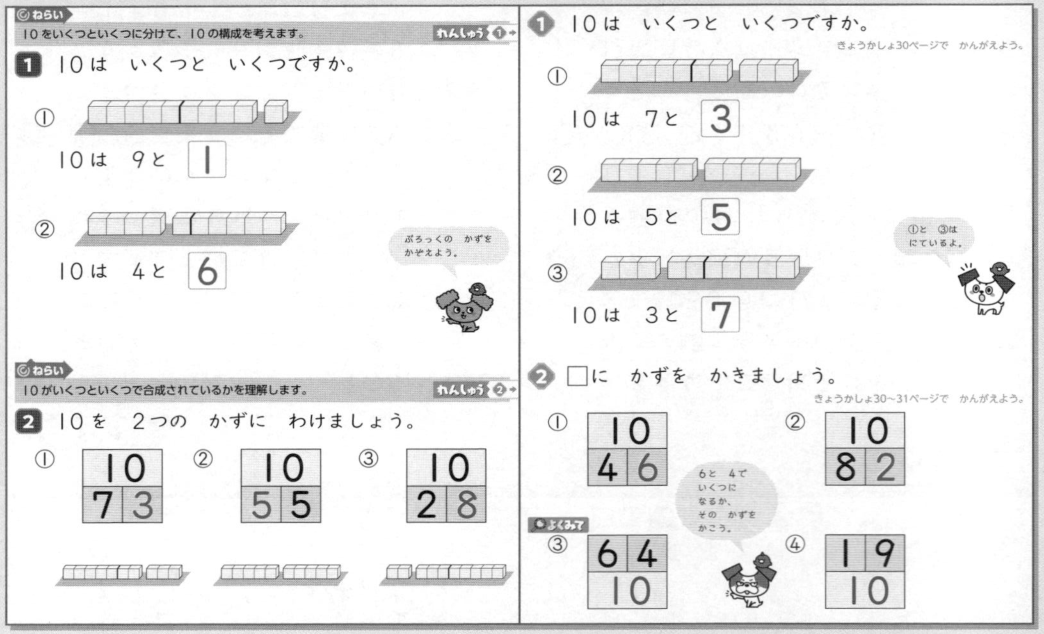
ねらい
10をいくつといくつに分けて、10の構成を考えます。　れんしゅう 1

1 10は いくつと いくつですか。

① 10は 9と 1

② 10は 4と 6

ぶろっくの かずを かぞえよう。

ねらい
10がいくつといくつで合成されているかを理解します。　れんしゅう 2

2 10を 2つの かずに わけましょう。

① 10 / 7 3　② 10 / 5 5　③ 10 / 2 8

1 10は いくつと いくつですか。

きょうかしょ30ページで かんがえよう。

① 10は 7と 3

② 10は 5と 5

③ 10は 3と 7

①と ③は にているよ。

2 □に かずを かきましょう。

きょうかしょ30～31ページで かんがえよう。

① 10 / 4 6　② 10 / 8 2

よくみて

③ 6 4 / 10　④ 1 9 / 10

6と 4で いくつに なるか、その かずを かこう。

ぴったり1

1 5の分解です。1と4、2と3、3と2、4と1の4通りあります。指を使うと覚えやすいです。

2 8の合成です。1と7、2と6、3と5、4と4、5と3、6と2、7と1の7通りあります。数字だけで考えにくいときは、おはじきやブロックを使ってやってみましょう。

ぴったり2

❶ 6の分解です。1と5、2と4、3と3、4と2、5と1の5通りあります。

❷ 7の分解です。1と6、2と5、3と4、4と3、5と2、6と1の6通りあります。

❸ 9の合成です。1と8、2と7、3と6、4と5、5と4、6と3、7と2、8と1の8通ります。

ぴったり1

1 2 10の分解です。1と9、2と8、3と7、4と6、5と5、6と4、7と3、8と2、9と1の9通ります。

はじめのうちは10本の指を使って考えてもかまいません。

10の分解と合成は特に大切ですから、確実にできるようになるまで練習しましょう。

ぴったり2

❶ ①の「7と3」、③の「3と7」は同じ組み合わせであることから、一方を覚えれば、他方は数字を入れかえるだけです。

❷ 10の構成は、たし算、ひき算の基になります。ここでつまずかないように、時間がかかってもかまいませんので、なるべく数字で考えられるように練習します。難しいようなら、❶のようにブロックを使う問題に戻り、数を数えさせながら考えるようにしましょう。

ぴったり3　14~15ページ

知識・技能　／60てん

❶ いちごが　6こ　あります。
ふくろに　いれたのは　なんこですか。　1つ6てん(12てん)

①
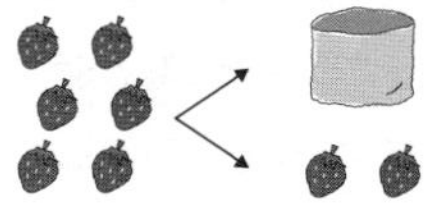
（ 4 ）こ

②
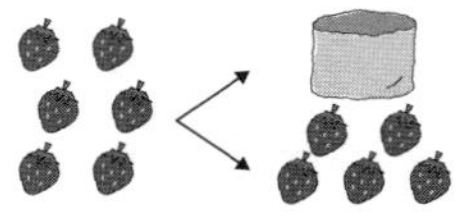
（ 1 ）こ

❷ よく出る □に　かずを　かきましょう。　1つ6てん(24てん)

① ●●●○○　5は　3と 2
② ●●●●○○　6は　4と 2
③ ●●●●○○○　7は　4と 3
④ ●○○○○○○　7は　1と 6

❸ よく出る 8や　9を　2つの　かずに　わけます。
□に　かずを　かきましょう。　1つ6てん(24てん)

① 8 → 5 3
② 8 → 2 6
③ 9 → 5 4
④ 9 → 6 3

思考・判断・表現　／40てん

❹ あわせて　10に　なるように、せんで
むすびましょう。　1つ5てん(25てん)

1　4　5　8　7
5　2　6　3　9

❺ あわせて　8に　なる　かずを
さがして、□に　かきましょう。　1つ5てん(15てん)

7 と 1
6 と 2
5 と 3

6　4　1　7　5　2　3

3 なんばんめかな

ぴったり1　16ページ

ねらい
基点が変われば、順序を表す数値も変わることを学習します。　れんしゅう❶

❶ （さる）は　なんばんめですか。

ひだり

みぎ

① ひだりから 2 ばんめです。
② みぎから 4 ばんめです。

どこから　かぞえるかで　かわってくるよ。

ねらい
順序を表す数と集まりを表す数の使い分けができるようにします。　れんしゅう❷

❷ えを　みて　こたえましょう。

②のこたえ　①のこたえ
ひだり

みぎ

① ひだりから　5にんめを
○で　かこみましょう。
② ひだりから　3にんを　□で
かこみましょう。

①は　ひとりだけ、②は　3にんを　かこんでね。

ぴったり2　17ページ

❶ えを　みて　こたえましょう。　きょうかしょ32ページ❶
① うえから　3にんめは
だれですか。
（ けん ）さん
② したから　3にんめは
だれですか。
（ みき ）さん

まちがいちゅうい
❷ くだものが　ならんでいます。　きょうかしょ34ページ❷

①のこたえ　②のこたえ
ひだり
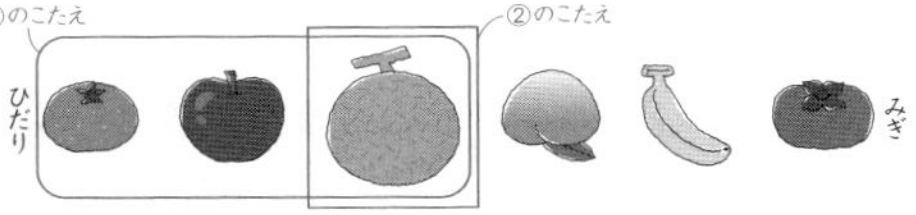
みぎ

① ひだりから　3つを　○で　かこみましょう。
② ひだりから　3つめを　□で　かこみましょう。

ひだりと　みぎを　まちがえないように　しよう。

ぴったり3

❶ 絵を見て数えましょう。
❷ 赤丸と白丸の数の合計と、赤丸の数を確認してから、白丸の数を数えます。
❸ 数の分解です。まちがったときは、おはじきなどを使って、実際にやってみましょう。
ひき算につながる問題です。数字だけで考えられるようにしたいものです。
❹ 10の合成です。たし算につながる問題です。すべての組み合わせをマスターしましょう。
❺ まず、左の□に数を入れてから、右の□にあてはまる数をさがします。8になる組み合わせは、ほかに4と4がありますが、問題の図に4は1つしかないので答えにはなりません。1と7、2と6、3と5のように、左右の数が入れかわっていても正解です。

ぴったり1

❶ 今までに学習してきた数は、ものの個数や集まりを表す数(集合数)です。ここでは順序や位置を表す数(順序数)について学びます。順序数は、「左から」、「上から」などの基点を決めて表します。
❷ ①は順序や位置を表すので、1人だけを○で囲みます。②は人数を表すので3人を□で囲みます。①と②の違いを理解させます。

ぴったり2

❶ ①まず、数え始めの基点(うえ)を確認します。1人目はとしおさん、2人目はみきさん、…のように、指で押さえながら確認するとよいでしょう。
②基点が変わると位置を表す数が変わることに気づかせます。
❷ 集合数と順序数をしっかり区別します。

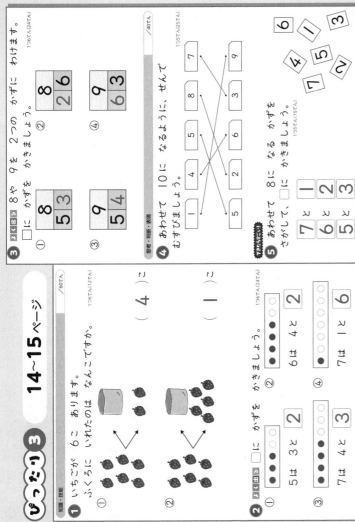

ぴったり3　18~19ページ

知識・技能　／80てん

❶ こどもを　○で　かこみましょう。　1つ10てん(20てん)

① まえから　4にん。

② まえから　4にんめ。

❷ よく出る　いろを　ぬりましょう。　1つ10てん(20てん)

① まえから　2わめ。

② うしろから　3わ。

❸ よく出る　えを　みて　こたえましょう。　1つ10てん(40てん)

① (とまと)は　ひだりから　なんばんめですか。　（ 5 ）ばんめ

② (とまと)は　みぎから　なんばんめですか。　（ 2 ）ばんめ

③ ひだりから　3ばんめの　やさいは　なんですか。　（ だいこん ）

④ ひだりから　4ばんめの　やさいは、みぎから　なんばんめですか。　（ 3 ）ばんめ

思考・判断・表現　／20てん

❹ (●●●)の　ばしょを　こたえましょう。　(20てん)

（うえから　4ばんめ。
または、したから　3ばんめ。）

4 あわせて　いくつ　ふえると　いくつ

ぴったり1　20ページ

◎ねらい　たし算の意味を理解し、式を書いて答えが求められるようにします。　れんしゅう ❶❷❸

❶ きんぎょは、あわせて　なんびきに　なりますか。

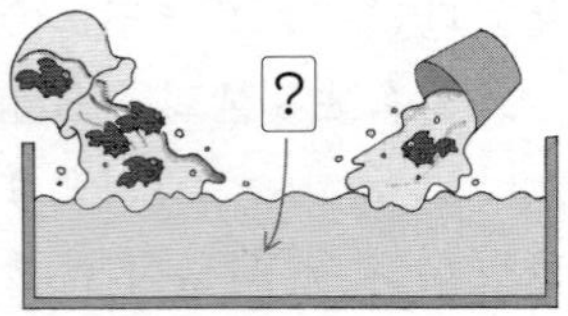

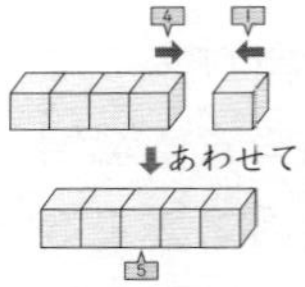

4	1
5	

すいそうに　えを　かいて　みよう。

4と　1を　あわせると、5に　なります。

しき　4＋1＝5　　たす　は

＋　＝

こたえ（ 5 ）ひき

4＋1＝5を　4＋1を　しきだよ。このような　けいさんを　たしざんと　いうよ。

ぴったり2　21ページ

❶ みかんは、あわせて　なんこに　なりますか。　きょうかしょ37ページ❶

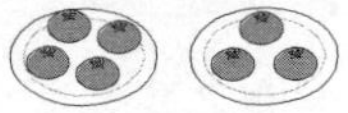

しき　4＋3＝7　　こたえ（ 7 ）こ

❷ たしざんを　しましょう。　きょうかしょ39ページ▶、40ページ▶、41ページ▶

① 3＋2＝5　　② 1＋3＝4

③ 5＋4＝9　　④ 5＋2＝7

⑤ 4＋5＝9　　⑥ 3＋5＝8

よくよんで

❸ あかい　くるまが　5だい、しろい　くるまが　4だい　あります。
くるまは、ぜんぶで　なんだいに　なりますか。　きょうかしょ40ページ❸

えを　かいて　みよう。

しき　5＋4＝9　　こたえ（ 9 ）だい

ぴったり3

❶ ①は集合数、②は順序数を表します。

❷ 「まえ」と「うしろ」が❶の問題と逆になっています。はじめに基点をしっかり確認しましょう。次に、順番を表しているのか、集まりを表しているのかを確かめます。

❸ ものの位置を数字で表す問題です。

①②基点が変わると位置を表す数字が変わることを実感させます。

④ものの位置を、同時に2つの基点から表す問題です。

❹ ものの位置を正確に表現できるかを見る問題です。上から数えるのか、下から数えるのか、基点を必ず指定します。数字だけで表してはいけません。どうしていけないのか理由も言えるようにしましょう。

ぴったり1

❶ 「4と1で5」を、式で4＋1＝5と表します。これがたし算です。「＋」、「＝」の記号と読み方、「しき」、「こたえ」の言葉が正しく使えるようにします。

たし算には「あわせていくつ(合併)」と、「ふえるといくつ(増加)」の2つの場面があります。このページでは合併の場面を扱っています。

ぴったり2

❶ 合併の場面です。「あわせていくつ」「ぜんぶでいくつ」「みんなでいくつ」などの言葉に注目します。

❷ 慣れないうちは、指を使って数えてもかまいません。「＝」の右に答えを書くことをしっかり身につけさせます。

❸ 設問文を読んで絵をかいてみましょう。そうすることで、文章の内容が具体的にとらえられるようになります。必ず式を書くようにします。

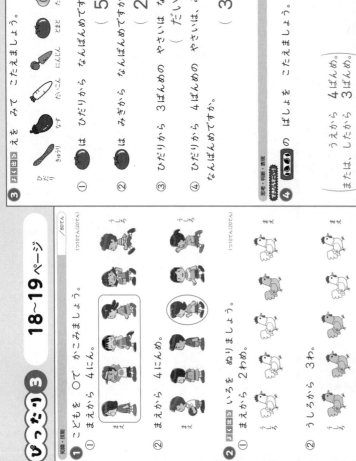

ぴったり1 22ページ

ねらい たし算には、合併と増加の2つの場面があることを理解します。 れんしゅう 1

1 きんぎょは、ふえると なんびきに なりますか。

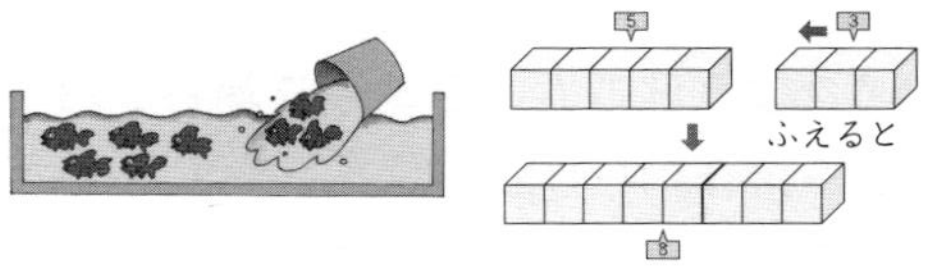

5 あります。3 ふえると、8に なります。

しき 5+3=8 こたえ（ 8 ）ぴき

ねらい 和が10までのたし算を、カードを使ってくり返し練習します。 れんしゅう 2 3

2 おもてと うらを せんで むすびましょう。

おもて 3+5 2+7 6+1 4+6

うら 7 8 10 9

たしざんの かあどの うらには、おもての こたえが かいて あるよ。

ぴったり2 23ページ

よくよんで

1 すずめが 5わ います。
4わ とんでくると、ぜんぶで なんわに なりますか。 きょうかしょ45ページ 2

しき 5+4=9 こたえ（ 9 ）わ

2 たしざんを しましょう。 きょうかしょ45ページ、46ページ、47ページ

① 7+1=8 ② 3+6=9
③ 3+4=7 ④ 4+4=8
⑤ 4+6=10 ⑥ 7+3=10

3 おなじ こたえの かあどを えらびましょう。 きょうかしょ50ページで、たしざんを しよう。

① 2+5 （い）
② 7+3 （え）
③ 1+8 （あ）

あ 5+4　い 4+3　う 2+6　え 6+4

ぴったり1 24ページ

ねらい 0の意味を知り、0の入ったたし算ができるようにします。 れんしゅう 1 2

1 たまいれを 2かい しました。
はいった たまの かずを あわせると なんこに なりますか。

① 3+1=4

② 3+0=3

2かいめは 0こと かんがえるよ。

ねらい たし算の意味をより深く理解するため、たし算のおはなしを作ります。 れんしゅう 3

2 5+2の おはなしを つくりましょう。

あかい かさが 5ほん あります。

あおい かさが 2ほん あります。

「あわせて いくつ」の おはなしだね。

かさは あわせて 7ほんに なります。

ぴったり2 25ページ

1 わなげを 2かい しました。
はいった わの かずを あわせると なんこに なりますか。 きょうかしょ51ページ 1

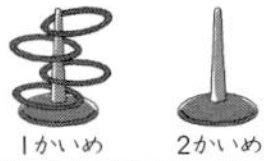

しき 4+0=4 こたえ（ 4 ）こ

2 たしざんを しましょう。 きょうかしょ51ページ

① 0+2=2 ② 6+0=6
③ 8+0=8 ④ 0+0=0

よくよんで

3 たしざんの おはなしを つくりましょう。 きょうかしょ52ページで、たしざんの おはなしを かんがえよう。

・けしごむが 6こ あります。
・3こ もらいます。
・けしごむは ぜんぶで 9こに なります。

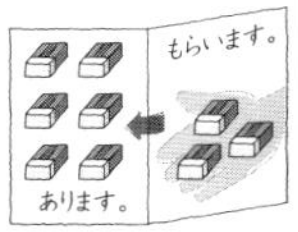

ぴったり1

1 「ふえるといくつ(増加)」の場面です。式は、合併のときと同じ、たし算になります。

2 計算は、くり返しの学習が大切です。カードを使ってくり返し練習しましょう。

ぴったり2

1 絵から、増加の式を書きましょう。

2 たし算の習熟をはかります。数字を見て瞬時に答えが求められるように、くり返し練習しましょう。つまずきが多いようであれば、おはじきを使ったり、指を折って数えたりして正確な答えを求めるようにします。

3 ①は7、②は10、③は9になるカードをさがします。はじめに、全部のカードの答えを出しておくとよいでしょう。

ぴったり1

1 0も数字であり、たし算に使えることを学習します。

2 絵から数量の関係を読み取ります。

ぴったり2

1 2回目は0個と考えます。0個と考えることによって、たし算の式を書いて答えを求めることができます。

2 0を使ったたし算の計算を理解させます。

3 日常生活でも、たし算になるような問題想起ができて、解決できるようになるとよいでしょう。

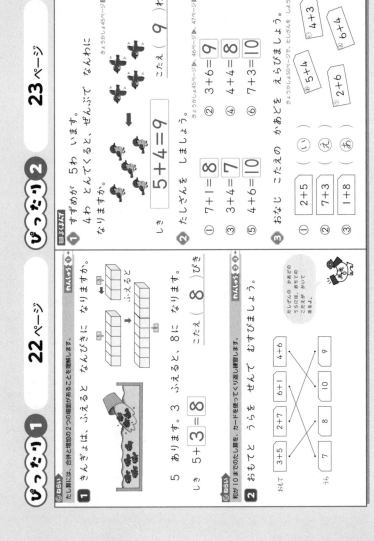

ぴったり3　26~27ページ

知識・技能　／40てん

❶ よく出る たしざんを　しましょう。　1つ5てん(40てん)

① 1+7=8　② 4+2=6

③ 2+6=8　④ 0+5=5

⑤ 3+4=7　⑥ 9+0=9

⑦ 5+5=10　⑧ 8+2=10

思考・判断・表現　／60てん

❷ さいころを　2こ　ふったら、
⚃と　⚅が　でました。
でた　めの　かずを　あわせると、
いくつに　なりますか。　しき・こたえ1つ10てん(20てん)

しき　4+6=10　　こたえ（10）

❸ よく出る えんぴつを　2ほん　もっていました。
おかあさんに　5ほん　もらいました。
えんぴつは、ぜんぶで　なんぼんに　なりましたか。　しき・こたえ1つ10てん(20てん)

しき　2+5=7　　こたえ（7）ほん

❹ 4+1の　しきに　なる　もんだいを
つくりましょう。　(10てん)

えんぴつが　4ほん　あります。
あかえんぴつが　1ぽん　あります。
えんぴつは、　あわせて　なんぼん
ありますか。

できたらすごい!

❺ おなじ　こたえに　なる　かあどを　ならべました。
□に　かずを　かきましょう。　1つ5てん(10てん)

5+3　①4+4　②3+5

ぴったり3

❶ 速く正確にできるように、何度もくり返し練習します。このたし算が、これからのすべての計算の基本となります。
まちがいが多いようであれば、単元❷の「いくつと　いくつ」にもどって、数の分解と合成をやりなおしましょう。

❷ 合併の場面です。
さいころの目の数は4と6です。ふつうは、出てくる数字の順に4+6と式をつくりますが、合併の場合は、6+4=10のように、たされる数(+の記号の左の数)とたす数(+の記号の右の数)が入れかわっていてもまちがいではありません。

❸ もらうと増えるから、増加の場面です。
増加の場合は、たされる数とたす数を区別します。初めに持っていた本数がたされる数、もらった本数がたす数になります。
したがって、式は、2+5=7です。

❹ 絵を見て、楽しくお話しするように作りましょう。「合併」のときの表現、「増加」のときの表現が区別できるようにしましょう。
「増加」のときの解答の例
・えんぴつが4ほんありました。あかえんぴつを1ぽんもらいました。えんぴつはぜんぶでなんぼんになりましたか。

❺ 答えが8になるたし算カードが並んでいます。少し難しいかもしれませんが、単元❷の「いくつと　いくつ」で学習した数の分解、合成を思い出しながら考えさせます。
答えが8になるたし算は、このほかにもあります。たし算カードを使って、ほかの数の組み合わせをさがすなど、問題を発展させるのもよいでしょう。

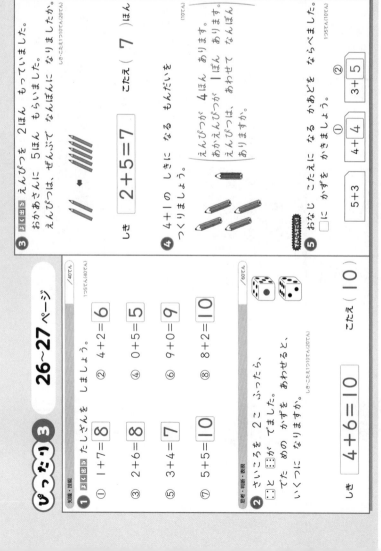

ぴったり1　28ページ

ねらい　ひき算の意味を理解し、式を書いて答えが求められるようにします。　れんしゅう 1 2 3

1 きんぎょが　5ひき　います。
1ぴき　とりました。
のこりは　なんびきに　なりましたか。

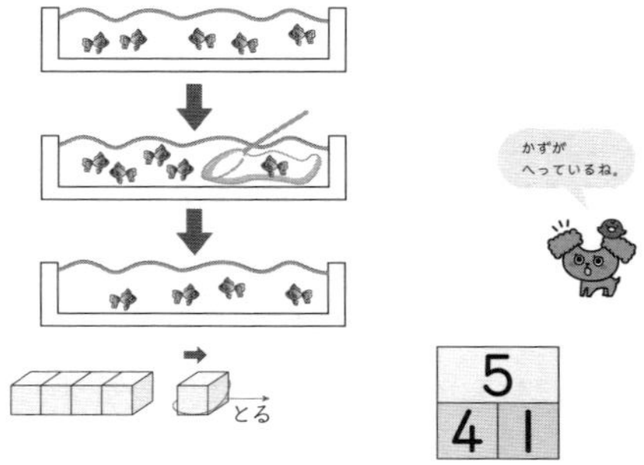

かずが へっているね。

5	
4	1

5から　1を　とると、のこりは　4です。

しき　5−《ひく》1=《は》4　　−

5−1のような　けいさんを　ひきざんと　いうよ。

こたえ（ 4 ）ひき

ぴったり2　29ページ

1 のこりは　なんわに　なりますか。　きょうかしょ55ページ

3わ　とんで
いきました。

しき　7−3=4　　こたえ（ 4 ）わ

2 ひきざんを　しましょう。　きょうかしょ57ページ、58ページ、59ページ、60ページ

① 4−3=1　② 7−2=5
③ 9−5=4　④ 8−6=2
⑤ 10−2=8　⑥ 10−7=3

よくよんで
3 こどもが　10にん　います。
おんなのこは　4にんです。
おとこのこは　なんにんですか。　きょうかしょ60ページ 4

しき　10−4=6　　こたえ（ 6 ）にん

ぴったり1　30ページ

ねらい　ひく数が0、ひいた答えが0になるひき算を理解します。　れんしゅう 1 2

1 すいそうから　きんぎょを　とります。
のこりは　なんびきに　なりますか。

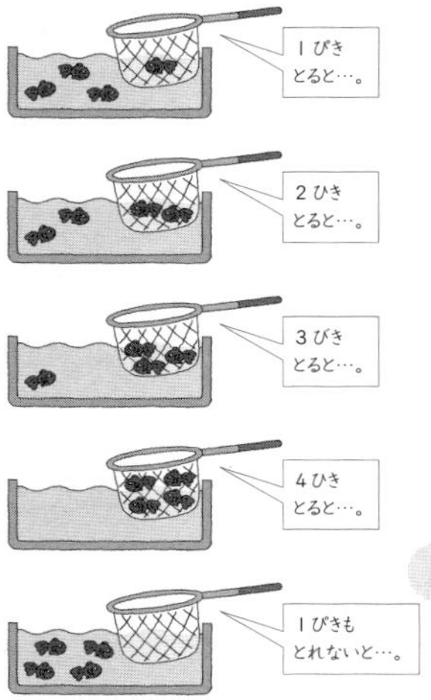
1ぴき
とると…。
2ひき
とると…。
3びき
とると…。
4ひき
とると…。
1ぴきも
とれないと…。

① 4−1=3
② 4−2=2
③ 4−3=1
④ 4−4=0
⑤ 4−0=4

0ひき　とったと　かんがえるよ。

ぴったり2　31ページ

よくよんで
1 すなばで　こどもが　8にん　あそんでいました。
8にん　かえりました。
のこりは　なんにんに　なりましたか。　きょうかしょ61ページ 1

みんな　かえって　しまったね。

しき　8−8=0　　こたえ（ 0 ）にん

2 ひきざんを　しましょう。　きょうかしょ61ページ

① 6−6=0　② 3−3=0
③ 8−8=0　④ 2−0=2
⑤ 5−0=5　⑥ 0−0=0

ぴったり1

1 残りの数を求めるときは、ひき算を使います。ひき算の記号「−」の読み方、書き方、ひき算の式の表し方を学びます。
ひき算には「のこりはいくつ（求残）」の場面と「ちがいはいくつ（求差）」の場面があります。

ぴったり2

1 残りを求めるので、ひき算です。「7は3と4」から、答えは4と求められます。

2 正確にできるように練習します。
ひき算は、たし算よりも難しいので、速く計算するよりも、時間をかけても、確実に正しい答えが求められるようにします。

3 全体の人数から女の子の人数をひいた残りが男の子の人数になることを理解させます。

ぴったり1

1 0をふくむひき算を学習します。
④「4ひきとると」1匹もいなくなるから、答えは0匹になります。
⑤「1ぴきもとれない」→「0ひきとった」と考えます。
0の使い方、式の書き方を理解させます。

ぴったり2

1 答えが0のときも、単位をつけることに注意します。

2 ①〜③同じ数どうしのひき算の答えは0です。●−●=0
子どもに0という数字は理解しづらいので、おはじきなどを使って具体的に示してあげましょう。
④〜⑥ひく数が0のひき算の答えは、ひかれる数です。●−0=●
0−0=0の場面は想像しづらいかもしれませんが、式として成り立ちます。

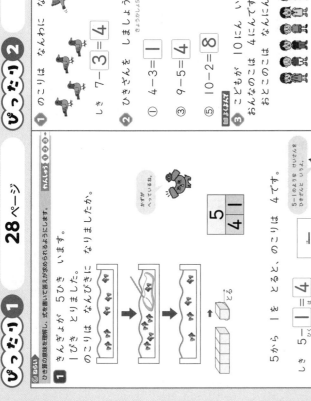

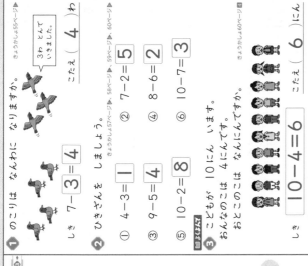

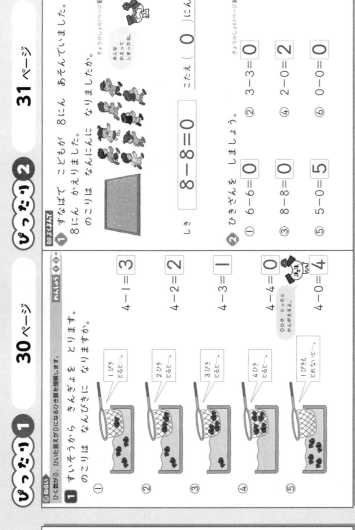

ぴったり1　32ページ

◎ねらい
ちがいを求める場合も、ひき算を用いることを理解します。　れんしゅう ①②

1 しろい　はなは　あかい　はなより、なんぼん
すくないですか。

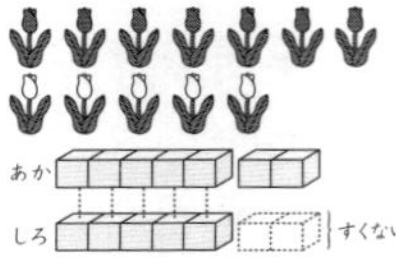

5は　7より　2　すくないです。

しき　7−5=2　　こたえ（ 2 ）ほん　すくない

◎ねらい
ひき算のおはなしを作って、ひき算の理解を深めます。　れんしゅう ③

2 7−3の　おはなしを　つくりましょう。

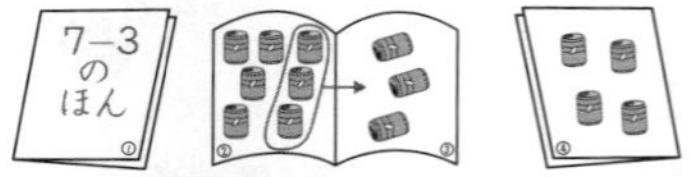

・じゅうすが　7 ほん　ありました。
・3 ぼん　のみました。
・のこりは　4 ほんです。

ぴったり2　33ページ

1 あかい　ぼうしは　しろい　ぼうしより、なんこ
すくないですか。　きょうかしょ62ページ 1

しき　6−4=2
こたえ（ 2 ）こ　すくない

よくよんで
2 せみと　とんぼでは　どちらが　なんびき
おおいですか。　きょうかしょ53ページ▶

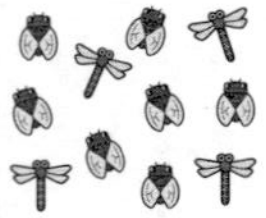

しき　7−4=3
こたえ（せみ）が（ 3 ）びき　おおい

3 4−2の　おはなしを　つくりましょう。
きょうかしょ68ページで、ひきざんの　もんだいを　かんがえよう。

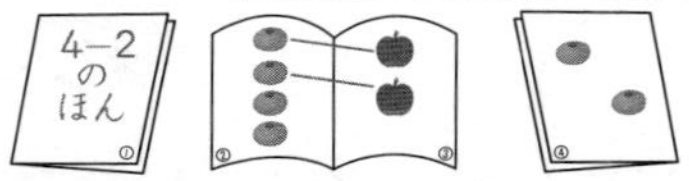

・みかんが　4こ　あります。
・りんごが　2 こ　あります。
・みかんが　2 こ　おおい　です。

ぴったり3　34~35ページ

知識・技能　／40てん

1 よく出る　ひきざんを　しましょう。　1つ5てん(40てん)

① 9−6=3　② 5−2=3
③ 9−9=0　④ 6−5=1
⑤ 8−0=8　⑥ 10−7=3
⑦ 7−2=5　⑧ 6−3=3

思考・判断・表現　／60てん

2 こどもが　8にん　あそんでいました。
こどもが　3にん　かえりました。
のこりは　なんにんに　なりましたか。
しき・こたえ1つ10てん(20てん)

しき　8−3=5
こたえ（ 5 ）にん

3 よく出る　あかい　おはじきと　しろい
おはじきでは、どちらが　なんこ　おおいですか。
しき・こたえ1つ10てん(20てん)

しき　9−5=4
こたえ（しろい）おはじきが（ 4 ）こ　おおい

4 6−2の　しきに　なる　もんだいを
つくりましょう。　(10てん)

くるまが　6だい　あります。
じてんしゃが　2だい
あります。
どちらが　なんだい
おおいですか。

5 おなじ　こたえに　なる　かあどを　ならべました。
□に　かずを　かきましょう。　1つ5てん(10てん)

7−5　① 8−6　② 9−7

ぴったり1

1 求差の問題です。「ちがいはいくつ」「どちらがどれだけおおい(すくない)」などの問いかけになります。

2 絵から数量の関係を読み取ります。

ぴったり2

1 ひき算は、大きい数から小さい数をひきます。設問文で、赤い帽子が先に出てくるので、式を4−6とするまちがいが見られます。注意しましょう。

2 せみは7匹、とんぼは4匹です。まず、せみの方が多いことを確認します。

3 絵本をよく見て答えさせます。みかんとりんごの数の「ちがい」を求めるひき算であることを確認します。

ぴったり3

1 慣れてきたら、速くできるように練習しましょう。

2 残りの数を聞く問題です。ひき算の式を正しく書いて、答えには必ず単位をつけます。ひき算では、ひかれる数とひく数をはっきり区別し、大きい数から小さい数をひくようにします。

3 違いの数を聞く問題です。赤いおはじきと白いおはじきでは、白が多いことから、白いおはじきの数から赤いおはじきの数をひきます。

4 ひき算には、残りを求める場面と違いを求める場面の2通りあります。この問題では、2種類の異なる乗り物が描かれているので、違いを求める場面と判断されます。したがって、「ちがいは」「どちらがおおい」などの言葉を使うことを理解させます。

5 □にいくつが入れば答えが2になるのか、いろいろな数をあてはめて求めてもよいですし、「8はいくつと2？」など、数の分解を利用して求めてもよいでしょう。

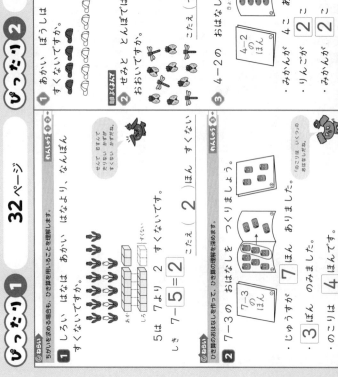

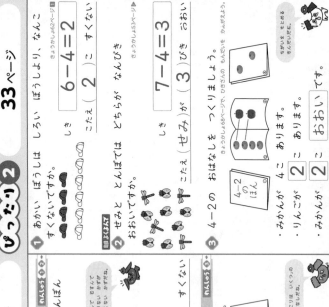

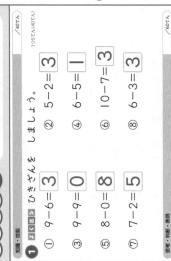

6 いくつ　あるかな

ぴったり1　36ページ

◎ねらい　資料を簡単なグラフに整理できるようにします。　れんしゅう①→

1 どうぶつの　かずを　しらべましょう。

① どうぶつの　かずだけ　いろを　ぬりましょう。

（したから　ぬるよ。）

② いちばん　おおい　どうぶつは、はむすたあ　です。

③ 5ひき　いる　どうぶつは、いぬ　です。

ぴったり2　37ページ

1 やさいの　かずだけ　いろを　ぬって　こたえましょう。　きょうかしょ72ページ1

① いちばん　すくない　やさいは、なんですか。（にんじん）

② 7この　やさいは、なんですか。（たまねぎ）

よくみてね　③ じゃがいもと　ぴいまんの　ちがいは　なんこですか。（　4　）こ

7 10より　おおきい　かずを　かぞえよう

ぴったり1　38ページ

◎ねらい　10から20までの数の数え方、書き方がわかるようにします。　れんしゅう①②→

1 かずを　かぞえましょう。

① 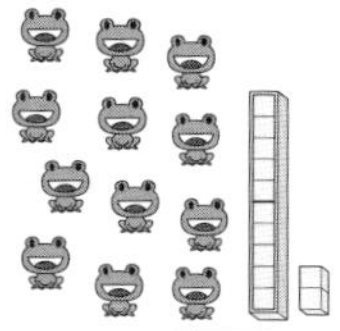
12ひき

② 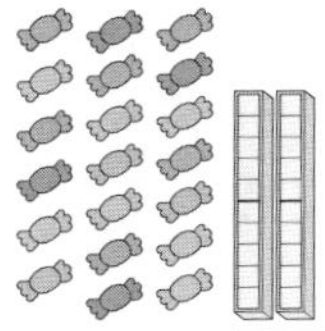
20こ

◎ねらい　十といくつの数の構成をもとにした、たし算ができるようにします。　れんしゅう③④→

2 けいさんを　しましょう。

① 10に　4を　たすと、10+4=14

② 13+2=15（13は10と3）

ぴったり2　39ページ

1 □に　かずを　かきましょう。　きょうかしょ79ページ3

① 10と　3で　13。　② 10と　9で　19。

③ 12は　10と　2。　④ 18は　10と　8。

2 おおきい　ほうに　○を　つけましょう。　きょうかしょ80ページ▶

① (11)と　8　② 15と(19)

3 けいさんを　しましょう。　きょうかしょ82ページ▶

① 10+1=11　② 10+6=16

③ 10+5=15　④ 10+9=19

4 けいさんを　しましょう。　きょうかしょ83ページ▶

まちがいちゅうい

① 11+4=15　② 14+2=16

③ 12+7=19　④ 16+1=17

ぴったり1

1 資料を簡単な絵グラフに整理する勉強です。
大きさの違うものを並べても数の比較はしづらいですが、大きさをそろえて下から縦に並べると、数量が高さで表されて、一目で多い少ないの比較をすることができます。数え落としや重なりがないように、印をつけながら数えましょう。

ぴったり2

1 大きさをそろえた絵グラフにまとめることで、数の大小が視覚的にとらえられる良さに気づかせます。
①絵の高さがいちばん低い野菜を答えます。
②下から7個数えましょう。
③絵の数の違いを答えましょう。
じゃがいもは8個、ぴいまんは4個です。違いを求めるから、ひき算が使えます。8−4=4(個)

ぴったり1

1 10から20までの数の書き方、読み方、数え方を学習します。

2 「十いくつ」の数の構成をもとにしたたし算を考えます。
②13+2は、13より2大きい数を求めることです。
「かずのせん」(数直線)を利用して考えてもよいでしょう。

ぴったり2

1 「十いくつ」の数の構成を問う問題です。ブロックを使って確認しましょう。

2 ①11は10より大きい数、8は10より小さい数です。
②「十いくつ」どうしの数の比較は、「いくつ」の数字で比べればよいことに気づかせます。

4 間違えた計算は、ブロックを使って説明しましょう。10はそのままで、ばらどうしをたすことを理解させます。

ぴったり1 40ページ

◎ねらい 十といくつの数の構成をもとにした、ひき算ができるようにします。 れんしゅう ①②

1 けいさんを しましょう。

① 14から 4を ひくと、

14−4=10

② 16−2=14

10 6

◎ねらい 二十いくつ、三十いくつの数の数え方、読み方、書き方がわかるようにします。 れんしゅう ③

2 かずを かぞえましょう。

① 20 と 5 25《にじゅうご》こ

② 30 と 2 32《さんじゅうに》こ

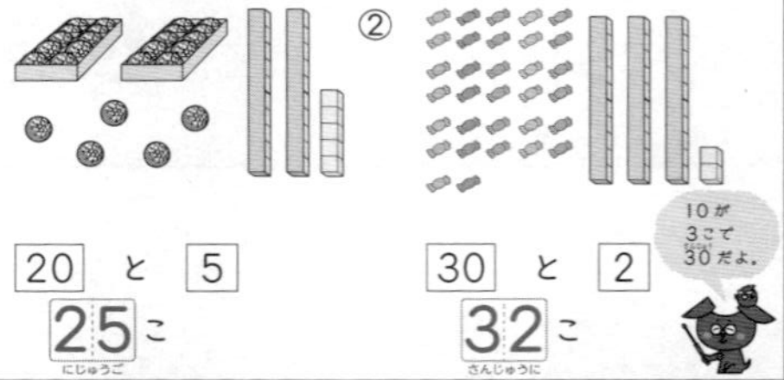

ぴったり2 41ページ

1 けいさんを しましょう。 きょうかしょ82ページ▶、83ページ▶

① 17−7=10　② 11−1=10

③ 16−2=14　④ 19−8=11

2 あめが 14こ あります。3こ あげると のこりは なんこに なりますか。 きょうかしょ83ページ2

しき 14−3=11　こたえ（ 11 ）こ

3 かずを かぞえましょう。 きょうかしょ84ページ1

まちがいちゅうい

① 26まい

② 34こ

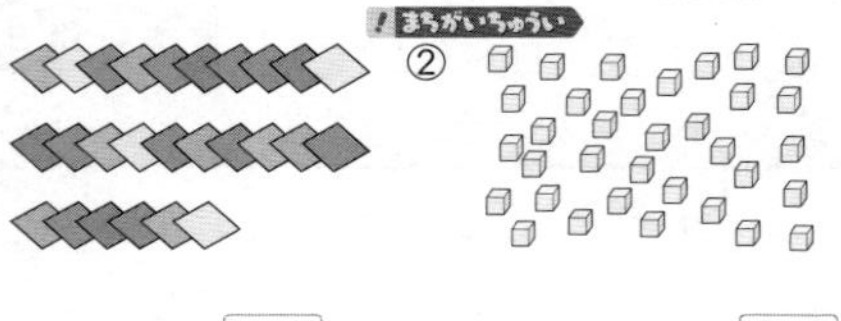

ぴったり3 42～43ページ

知識・技能 ／90てん

1 かずを かぞえましょう。 (5てん)

（ 16 ）こ

2 よく出る □に かずを かきましょう。 1つ5てん(20てん)

① 10と 3で 13。

② 10と 9で 19。

③ 16は、10と 6。

④ 23は、20と 3。

3 □に かずを かきましょう。 □1つ5てん(20てん)

① 17 16 15 14 13

② 15 16 17 18 19

てきたらすごい！

4 おおきい じゅんに、かずを ならべましょう。 (5てん)

13 9 17 12

（ 17→13→12→9 ）

5 よく出る けいさんを しましょう。 1つ5てん(40てん)

① 10+2=12　② 10+8=18

③ 13−3=10　④ 19−9=10

⑤ 11+3=14　⑥ 14+4=18

⑦ 15−1=14　⑧ 17−5=12

思考・判断・表現 ／10てん

6 ちょこれえとが 18こ あります。5こ たべると のこりは なんこに なりますか。 しき・こたえ1つ5てん(10てん)

しき 18−5=13

こたえ（ 13 ）こ

ぴったり1

1 「十いくつ」の数の構成をもとにしたひき算です。ブロックを使った説明が有効です。

②ひかれる数を「10といくつ」に分けて、「いくつ」から「いくつ」をひきます。

2 20から35ぐらいまでの数の書き方、読み方、数え方を学習します。10ずつにまとめて数える考え方を理解させます。

ぴったり2

1 ③16は10と6、6から2をひいて4、10と4で14です。10はそのままにして、ばらからばらをひきます。

2 残りを求めるので、式はひき算です。

3 ①10が2つで20、20と6で26です。206と書くミスに注意します。

②10ずつ○で囲んで10のまとまりをつくります。10が3つで30、30と4で34です。

ぴったり3

1 まず、10のまとまりをつくりましょう。10と6で16です。

2 ブロックを使ってやってみましょう。10いくつ、20いくつの数の成り立ちを理解します。

3 ①は大きい順に、②は小さい順に並んでいます。数は、順に並べると、一の位は0から9までの並びがくり返されています。

4 はじめに、10より大きい数と10より小さい数に分けます。9だけが10より小さいので、9がいちばん小さい数です。次に、13、17、12の3つの数について、10よりいくつ大きいかで大小を比べます。「かずのせん」をかいて確かめましょう。「かずのせん」は、右にある数の方が大きく、左にある数の方が小さくなります。

6 残りを求める問題なので、式はひき算になります。

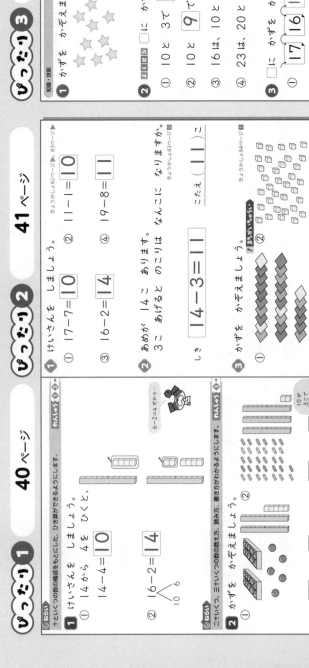

8 なんじ　なんじはん

ぴったり1　44ページ

◎ねらい
時計を見て、何時が読めるようにします。　れんしゅう ①②

1 とけいを　よみましょう。

みじかい　はりが
2 で、
ながい　はりが
12 だから、2 じ。

◎ねらい
時計を見て、何時半が読めるようにします。　れんしゅう ②③

2 とけいを　よみましょう。

みじかい　はりが
8と　9の　あいだで、
ながい　はりが
6 だから、
8 じ はん。

みじかい　はりが　とおりすぎた　ほうの　すうじを　よむ。

ぴったり2　45ページ

❶ とけいを　よみましょう。
きょうかしょ87ページで、とけいの　よみかたを　まなぼう。

① （10）じ　② （4）じ

❷ とけいを　よみましょう。
きょうかしょ87ページで、とけいの　よみかたを　まなぼう。

よくみて

① （1じはん）　② （6じはん）　③ （12じはん）

まちがいちゅうい
❸ ながい　はりを　かきましょう。　きょうかしょ87ページ2

① 3じ　② 7じはん

9 かたちあそび

ぴったり1　46ページ

◎ねらい
立体の特徴をとらえて、分類できるようにします。　れんしゅう ①

1 にている　かたちの　なかまを　えらびましょう。

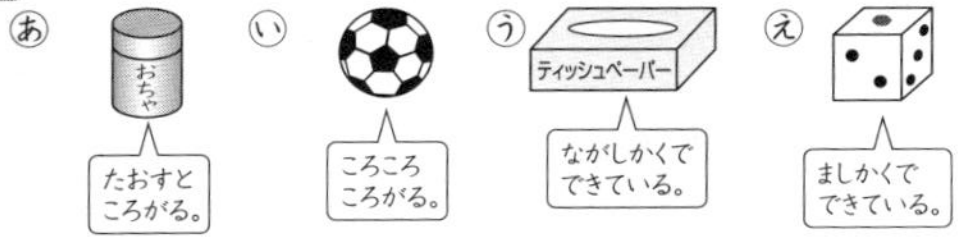

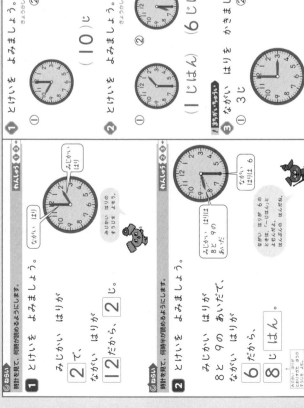

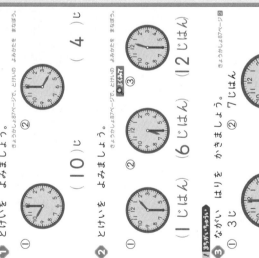

① （い）　② （う）　③ （え）　④ （あ）

◎ねらい
立体を構成する面の形がわかるようにします。　れんしゅう ②

2 1の　あ、い、う、えを　つかって　かたちを　うつしました。どれを　つかいましたか。

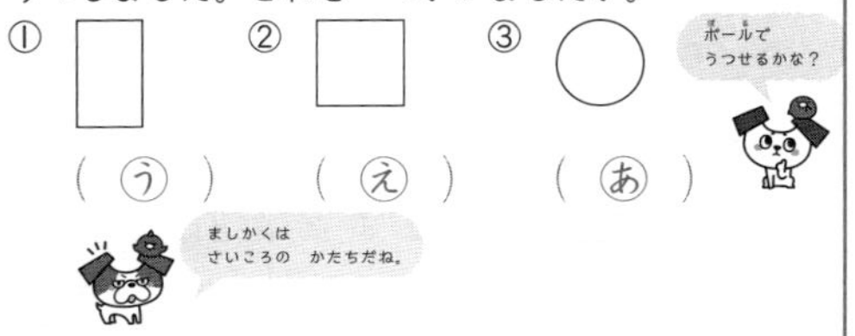

① （う）　② （え）　③ （あ）

ぴったり2　47ページ

❶ えを　見《み》て　こたえましょう。
きょうかしょ2～4ページで、かたちについて　かんがえよう。

① ころがる　かたちは　どれですか。　（い、え）

② つむ　ことが　できる　かたちは　どれですか。　（あ、う、え）

③ たいらな　ところが　ない　かたちは　どれですか。　（い）

よくみて
❷ かみに　かたちを　うつすと　どのように　なりますか。せんで　むすびましょう。　きょうかしょ5ページ5

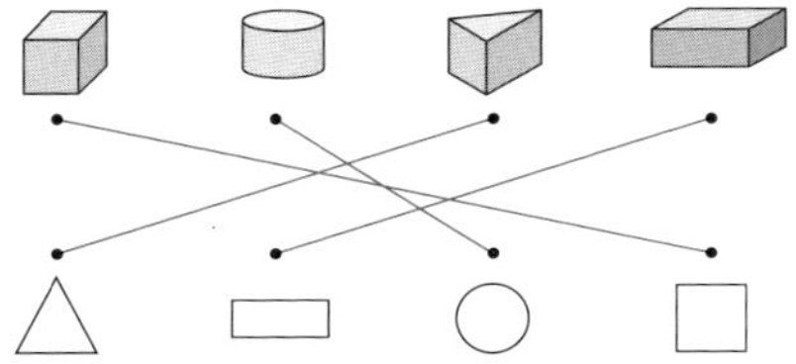

ぴったり1

1 2 ○時、○時半の時計の読み方の学習です。短針と長針を区別して、針の位置で時刻を読みます。針が回転する方向を確認しておきます。
日常生活でも時刻を尋ねるなど、身近な生活の中から学習することも大切です。

ぴったり2

❶ 長針が12を指しているので、短針が指している数字を読んで「○時」です。

❷ 長針が6を指しているとき、短針は文字盤の数字と数字の間にあります。このときの、短針が通り過ぎた数字を読んで「○時半」です。
短針の動きを確認しておきます。

❸ 長針は、○時のとき12を、○時半のとき6を指すことをしっかり覚えさせます。

ぴったり1

1 立体を、①ボールの形(球)、②箱の形(直方体)、③さいころの形(立方体)、④つつの形(円柱)に仲間分けします。

2 身の回りにあるものを使って、実際にやってみましょう。
①②ながしかく(長方形)とましかく(正方形)を区別します。
③ボールでまるを描くことはできません。

ぴったり2

❶ ①曲面のある形を答えます。
②平面のある形を答えます。
③曲面だけでできている形を答えます。

❷ 頭の中で立体図形を考えるのは難しいことです。積み木などを使って実際に体験することが大切です。
ながしかく(長方形)は、三角柱と結んでもよいです。

ぴったり3　48~49ページ

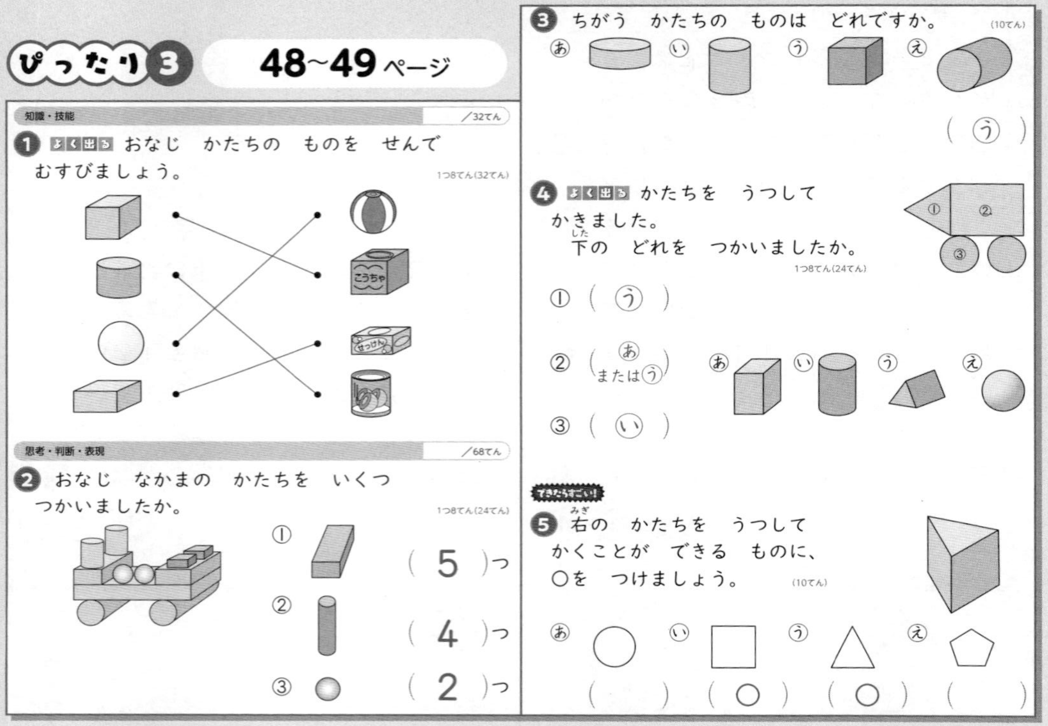

知識・技能　／32てん

1 よく出る　おなじ　かたちの　ものを　せんで　むすびましょう。　1つ8てん(32てん)

思考・判断・表現　／68てん

2 おなじ　なかまの　かたちを　いくつ　つかいましたか。　1つ8てん(24てん)

① (5)つ

② (4)つ

③ (2)つ

3 ちがう　かたちの　ものは　どれですか。　(10てん)

あ　い　う　え

(う)

4 よく出る　かたちを　うつして　かきました。
下《した》の　どれを　つかいましたか。　1つ8てん(24てん)

① (う)

② (あ または う)

③ (い)

あ　い　う　え

できたらすごい!

5 右《みぎ》の　かたちを　うつして　かくことが　できる　ものに、○を　つけましょう。　(10てん)

あ (　) い (○) う (○) え (　)

ぴったり3

1 基本的な立体図形を、平面、曲面、辺の長さによって分類する力を養います。
平面だけでできている形(箱の形、さいころの形)、平面と曲面でできている形(つつの形)、曲面だけでできている形(ボールの形)に分けられます。箱の形は、ながしかくがある形(直方体)とましかくだけでできている形(立方体＝さいころの形)を区別しています。

2 重なっている部分に注意しながら数えます。
①箱の形の特徴を確認しておきましょう。
・平らな面だけでできている。
・面の形は、ながしかくやましかくである。
この２つの条件を満たしていれば、大きさなどは関係ないことを理解させます。
②つつの形は、立てた場合と寝かせた場合で見え方が変わります。積み木などを使って確かめておきましょう。

3 つつの形と箱の形を見分ける問題です。どうしてちがう仲間なのか、理由も言えるようにしましょう。

4 ①はさんかく、②はしかく(ながしかく)、③はまるです。
②は、あでもうでも写すことができます。どの面を使って写したのか確認しておきましょう。
えのボールでまるを写すことはできません。

5 三角柱をいろいろな角度から見て、面の構成を把握させます。子どもには、頭の中だけで考えさせるのは難しいので、実際に積み木などを用意して確かめるようにします。
平面図形の基本である、円、三角形、四角形などの形も区別できるようにしておきましょう。

10 たしたり　ひいたり　してみよう

ぴったり1　50ページ

◎ねらい
3つの数のたし算ができるようにします。　れんしゅう①

1 6+4+3の　けいさん

6+4=10

10+3=13

6+4+3=13（6+4 の下に 10）

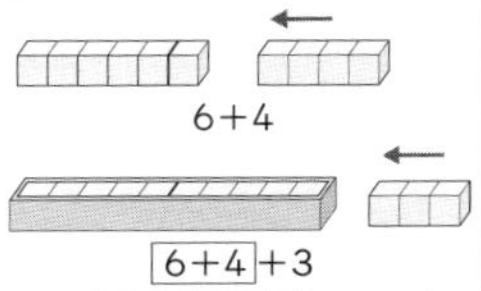

6+4
6+4+3

まえから　じゅんばんに
たすんだよ。

◎ねらい
たし算、ひき算がまじった3つの数の計算ができるようにします。　れんしゅう②③

2 けいさんを　しましょう。

① 10−1−2の　けいさん

10−1=9

9−2=7

10−1−2=7（10−1 の下に 9）

② 10−4+3の　けいさん

10−4=6

6+3=9

10−4+3=9（10−4 の下に 6）

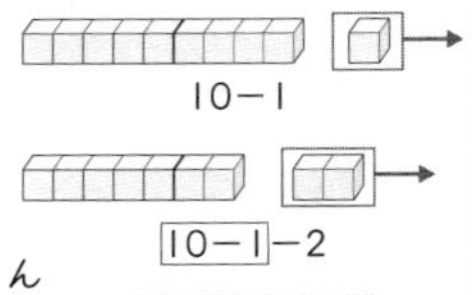

10−1
10−1−2

3つの　かずの　けいさんは、
まえから　じゅんばんに
すれば　いいんだね。

ぴったり2　51ページ

1 けいさんを　しましょう。　きょうかしょ7ページ▶

① 6+4+5=15（6+4 の下に 10）　② 9+1+7=17

③ 5+5+3=13　④ 2+8+6=16

2 けいさんを　しましょう。　きょうかしょ8ページ▶

① 10−4−2=4　② 10−2−5=3

③ 12−2−5=5　④ 11−1−7=3

！まちがいちゅうい

3 けいさんを　しましょう。　きょうかしょ9ページ▶

① 10−8+3=5　② 16−6+5=15

③ 6+3−2=7　④ 4+6−8=2

ぴったり3　52~53ページ

知識・技能　／52てん

1 4+6+7の　けいさんを　します。
□に　かずを　かきましょう。　1つ4てん(12てん)

❶ 4+6=10

❷ 10+7=17

❸ 4+6+7=17

2 よく出る　けいさんを　しましょう。　1つ5てん(40てん)

① 7+3+9=19　② 1+9+4=14

③ 10−2−1=7　④ 14−4−8=2

⑤ 8−2+3=9　⑥ 16−6+5=15

⑦ 2+8−6=4　⑧ 6+4−5=5

思考・判断・表現　／48てん

3 おりがみが　5まい　ありました。
ゆみさんに　5まい　もらいました。
そのあと、ともさんに　4まい　もらいました。
おりがみは、ぜんぶで　なんまいに　なりましたか。　しき・こたえ1つ10てん(20てん)

しき　5+5+4=14　こたえ（14）まい

4 よく出る　子《こ》どもが　10人《にん》　いました。
4人　かえって、3人　きました。
子どもは、なん人に　なりましたか。　しき・こたえ1つ10てん(20てん)

しき　10−4+3=9　こたえ（9）人

てきたらスゴイ！

5 □に　かずを　かいて、しきを
かんせいさせましょう。　1つ4てん(8てん)

① 10−7−1=2

② 9−3+2=8

ぴったり1

1 3つの数のたし算です。左から順にたしていきます。

2 3つの数のたし算、ひき算の混合計算です。左から順に計算していきます。最初の2つの計算の答えを小さく書いておくとよいでしょう。

ぴったり2

❶ 左から順にたしていきます。慣れないうちは、下のように式を2つに分けて考えてもよいです。

②9+1=10、10+7=17

❷ 順にひいていきます。

①10−4−2=4（10−4 の下に 6）

③12−2−5=5（12−2 の下に 10）

❸ たし算、ひき算の混合計算です。

②16−6+5=15（16−6 の下に 10）

④4+6−8=2（4+6 の下に 10）

ぴったり3

❷ +、−の記号に注意して、左から計算していきます。

①7+3+9=19（7+3 の下に 10）

③10−2−1=7（10−2 の下に 8）

⑤8−2+3=9（8−2 の下に 6）　⑦2+8−6=4（2+8 の下に 10）

❸ 「もらう」と増えるから、たし算になります。1つの式に表します。

❹ 「かえる」と減るからひき算で−4、「くる」と増えるからたし算で+3になります。これを1つの式で表すと、10−4+3となります。

❺ 3つの数の計算の発展問題です。まず、左の2つの数の計算をしてから、□にあてはまる数を考えます。
難しい場合は、絵やブロックを使って考えましょう。

①10−7=3、3−□=2
□は、「3からいくつとると2」のいくつにあてはまる数です。

②9−3=6、6+□=8
□は、「6にいくつをたすと8」のいくつにあてはまる数です。

ぴったり1　54ページ

ねらい　たされる数で10をつくる、くり上がりのあるたし算ができるようにします。　れんしゅう ❶❷❹

1 9+5の　けいさんの　しかた

❶ 10を　つくるには、9と　あと　1。

❷ 5を　1と　4に　わける。

❸ 9と　1で　10。

❹ 10と　4で　14。

9+5
10　1　4
14

10を つくりましょう。

ねらい　たす数で10をつくる、くり上がりのあるたし算ができるようにします。　れんしゅう ❸❹

2 3+8の　けいさんの　しかた

❶ 10を　つくるには、8と　あと　2。

❷ 3を　1と　2に　わける。

❸ 8と　2で　10。

❹ 1と　10で　11。

3+8
1　2　10
11

どちらで 10を つくっても いいよ。

ぴったり2　55ページ

❶ 9+3の　けいさんを　しましょう。　きょうかしょ10ページ1

❶ 3を　1と　2に　わける。

❷ 9と　1で　10。

❸ 10と　2で　12。

9で 10を つくろう。

9+3
10　1　2

❷ けいさんを　しましょう。　きょうかしょ12ページ

① 9+4=13　② 8+3=11

❸ けいさんを　しましょう。　きょうかしょ13ページ

① 2+9=11　② 3+9=12

③ 4+7=11　④ 5+8=13

まちがいちゅうい

❹ けいさんを　しましょう。　きょうかしょ14ページ

① 7+8=15　② 6+7=13

③ 8+8=16　④ 9+9=18

ぴったり1　56ページ

ねらい　カードを使って、くり上がりのあるたし算の練習をします。　れんしゅう ❶❷

1 おもてと　うらを　せんで　むすびましょう。

おもて　9+7　8+5　7+8

うら　13　15　16

うらには おもての こたえが かいて あるよ。

ねらい　たされる数とたす数、答えの関係に興味をもたせます。　れんしゅう ❷❸

2 9の　たしざんを　じゅんばんに　ならべました。

おもて		うら
9+3	=	12
9+4	=	13
9+5	=	14
9+6	=	15

（1ふえる）

たす　かずが　1　ふえると　こたえは　1　ふえます。

8の たしざんでも おなじかな？

ぴったり2　57ページ

❶ おもてと　うらを　せんで　むすびましょう。　きょうかしょ16～17ページで、たしざんの　れんしゅうを　しよう。

おもて　8+8　7+6　8+7　6+5

うら　15　13　11　16

❷ こたえが　おなじ　カードは　どれと　どれですか。　きょうかしょ16～17ページで、たしざんの　れんしゅうを　しよう。

（　い　）と（　お　）

あ 6+5　う 5+7
い 8+8　え 8+7
お 6+6　か 5+8

よくみて

❸ 7の　たしざんを　じゅんばんに　ならべました。気《き》づいた　ことを　かきましょう。　きょうかしょ17ページで、たしざんの　こたえを　しらべよう。

7+4　7+5　7+6　7+7

（たす　かずが　1　ふえると、こたえは　1　ふえる。）

なにか きまりが あるのかな？

ぴったり1

1 くり上がりのあるたし算です。たされる数で10をつくる計算方法です。たす数を分解します。

2 たす数で10をつくる計算方法です。たされる数を分解します。

ぴったり2

❶ たされる数を10にするために、たす数を2つに分解します。

❷ たされる数が7、8、9などのときは、❶の方法が計算しやすいです。

❸ たす数が7、8、9などのときは、たす数で10をつくった方が計算しやすいです。

❹ たされる数、たす数のどちらで10をつくってもかまいません。10の合成と数の分解が基になっています。確実にできるようになるまで、くり返し練習しましょう。

ぴったり1

1 計算カードの表には式、裏には表の式の答えが書かれています。

2 カードを規則的に並べて決まりを見つける遊びをすることで、数字に対する興味を持たせることができます。いろいろな決まりを見つけてみましょう。

ぴったり2

❷ カードの答えは、あ11、い12、う16、え15、お12、か13です。

❸ まず、カードがどのように並んでいるかを確認します。たされる数は7で同じ、たす数は1ずつ大きくなっています。次に、答えを求めます。左から11、12、13、14と、順に1ずつ大きくなっています。このことから、たされる数が同じで、たす数が1ずつ増えると、答えも1ずつ増えることがわかります。

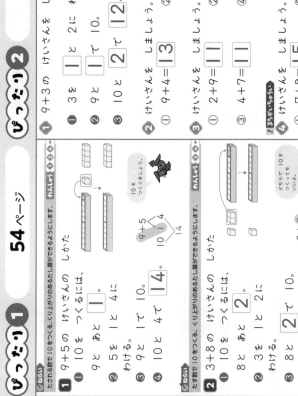

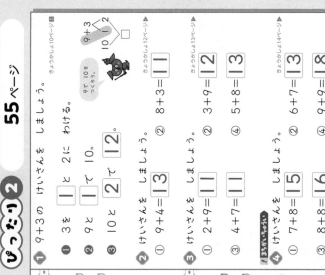

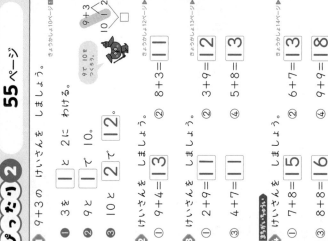

ぴったり3　58~59ページ

知識・技能　／60てん

❶ 8+4の　けいさんを　します。
□に　かずを　かきましょう。　1つ5てん(20てん)

❶ 10を　つくるには、8と　あと　2。

❷ 4を　2と　2に　わける。

❸ 8と　2で　10。

❹ 10と　2で　12。

❷ よく出る けいさんを　しましょう。　1つ5てん(30てん)

① 9+2=11　② 7+6=13

③ 4+8=12　④ 8+9=17

⑤ 5+6=11　⑥ 7+7=14

❸ カードを　見て　こたえましょう。　1つ5てん(10てん)

㋐ 6+8　㋑ 6+9　㋒ 9+4

㋓ 3+8　㋔ 7+7　㋕ 5+7

① こたえが　13の　カードは、どれですか。
(㋒)

② こたえが　おなじ　カードは、どれと　どれですか。
(㋐)と(㋔)

思考・判断・表現　／40てん

❹ よく出る じどう車《しゃ》が　4だい　ありました。8だい　きました。
じどう車は、ぜんぶで　なんだいに　なりましたか。　しき・こたえ1つ10てん(20てん)

しき　4+8=12　　こたえ(12)だい

❺ □に　かずを　かきましょう。　1つ10てん(20てん)

① 9+5=14　② 8+6=14

ぴったり3

❶ たされる数で10をつくる計算方法の説明です。このように、言葉で説明できるようにしておくと、理解が深まります。
たされる数でも、たす数でも、どちらでも10がつくれるように、きちんと理解しておく必要があります。

❷ まちがえた問題は、正しくできるようになるまで何度も練習させてください。
くり上がりのあるたし算カードは全部で36枚あり、くり上がりのパターンは、この36通りしかありません。これをすべてマスターしておくと、数が2けた、3けたと大きくなっても、たし算が速く正しくできるようになります。この36通りのくり上がりが、たし算の基本です。

❸ カードの答えは、㋐14、㋑15、㋒13、㋓11、㋔14、㋕12です。

❹ 「ふえるといくつ」の場面です。式はたし算です。

❺ ①14は10と4。
9は、あと1で10。
9と1と4で14だから、
↓
9と5で14。
②8は、あと2で10。
8と2と4で14だから、
↓
8と6で14。
答えが14になるたし算カードを順番に並べてみましょう。たされる数が1減ると、たす数が1増えることに気づくでしょう。このように、たし算カードをいろいろに並べて、何か決まりがないか、さがしてみましょう。たされる数が決まっているたし算、たす数が決まっているたし算、答えが決まっているたし算、のように条件をつけてカードを並べると、いろいろな決まりが見えてきます。

⑫ ひきざん

ぴったり1　60ページ

ねらい　ひかれる数を10といくつに分けて、くり下がりのあるひき算ができるようにします。　れんしゅう ❶❷❹

1 12−7の　けいさんの　しかた

❶ 2−7は　できない。

❷ 12を　10と　2に　わける。

❸ 10から　7を　ひいて　3。

❹ 3と　2を　たして　5。

10から　7を　ひこう。

12−7
10 2

ねらい　ひく数を分解して、くり下がりのあるひき算ができるようにします。　れんしゅう ❸❹

2 11−2の　けいさんの　しかた

❶ 1−2は　できない。

❷ 2を　1と　1に　わける。

❸ 11から　1を　ひいて　10。

❹ 10から　1を　ひいて　9。

1と2の　どちらの　かんがえで　けいさんしても　いいよ。

ぴったり2　61ページ

❶ 13−7の　けいさんを　しましょう。　きょうかしょ19ページ1

❶ 13を　10と　3に　わける。

❷ 10から　7を　ひいて　3。

❸ 3と　3を　たして　6。

❷ けいさんを　しましょう。　きょうかしょ21ページ

① 12−9=3　② 11−8=3

❸ けいさんを　しましょう。　きょうかしょ22ページ

① 11−3=8　② 14−5=9

③ 13−4=9　④ 16−8=8

5を　4と　1に　わけよう。

まちがいちゅうい

❹ けいさんを　しましょう。　きょうかしょ23ページ

① 14−7=7　② 12−6=6

③ 11−5=6　④ 15−9=6

ぴったり1　62ページ

ねらい　カードを使って、くり下がりのあるひき算の練習をします。　れんしゅう ❶❷

1 おもてと　うらを　せんで　むすびましょう。

おもて　11−3　14−8　16−9　13−9

うら　7　4　8　6

ねらい　ひかれる数とひく数、答えの関係に興味をもたせます。　れんしゅう ❷❸

2 ひきざんの　カードを　ならべました。

おもて		うら
12−3	=	9
1ふえる		1へる
12−4	=	8
1ふえる		1へる
12−5	=	7
1ふえる		1へる
12−6	=	6

ひく　かずが　1　ふえると　こたえは　1　へります。

ほかの　かずでも　やってみよう。

ぴったり2　63ページ

❶ おもてと　うらを　せんで　むすびましょう。　きょうかしょ25〜26ページで、ひきざんの　れんしゅうを　しよう。

おもて　14−9　12−8　13−6　16−8

うら　8　5　7　4

❷ こたえが　おなじ　カ《か》ード《ど》は　どれと　どれですか。　きょうかしょ25〜26ページで、ひきざんの　れんしゅうを　しよう。

あ12−8　い11−6　う11−5　え12−9　お15−9　か15−8

（ う ）と（ お ）

ふかめて

❸ ひきざんの　カードを　ならべました。気《き》づいた　ことを　かきましょう。　きょうかしょ25〜26ページで、ひきざんの　こたえを　しらべよう。

13−4　13−5　13−6　13−7

（ひく　かずが　1　ふえると、こたえは　1　へる。）

こたえを　かきだしてみよう。

ぴったり1

1 ひかれる数を10といくつに分けて考える計算方法です。

2 ひく数を分解して10をつくって計算する方法です。

1 **2** のどちらの考え方も、数の分解と「10ひくいくつ」のひき算が基本になっています。

ぴったり2

❷ ❶の考え方（ひかれる数を10といくつに分ける）を使うと計算しやすいです。

❸ ひく数を分解して10をつくる考え方を使うと計算しやすいです。

❹ どのように考えて計算してもかまいません。ひき算を苦手にしている子どもが多いので、ブロックを使うなどして、ゆっくり納得できるまで練習させます。

ぴったり1

1 くり下がりのあるひき算でつまずく子どもが多く、算数嫌いの一因になっています。なるべく楽しく、ゲーム感覚で練習させましょう。

2 たし算のときと同様に、ひき算でも決まりを見つけましょう。ひく数を同じにして並べたり、答えが同じになる式を並べたりして、規則性を見つけましょう。

ぴったり2

❷ カードの答えは、あ4、い5、う6、え3、お6、か7です。

❸ まず、カードがどのように並んでいるかを確認します。次に、答えを求めて、カードの並び方と比べます。答えは、左から順に9、8、7、6です。ほかの数でもいろいろ試してみましょう。

ぴったり1　64ページ

◎ねらい
文章を読んで、たし算、ひき算のどちらで答えをもとめるかわかるようにします。　れんしゅう ①②③

1 もんだいに　こたえましょう。

① おりがみが　13まい　あります。
5まいで　つるを　おりました。
のこりは、なんまいに　なりましたか。

のこりを　もとめるから、
しきは［ひき］ざんに　なります。

しき　13［−］5=［8］　　こたえ（ 8 ）まい

② チョコレ《ちょこれ》ート《と》が　7こ
あります。
4こ　もらうと、ぜんぶで
なんこに　なりますか。

もらうと　ふえるから、
しきは［たし］ざんに　なります。

しき　7［+］4=［11］　　こたえ（ 11 ）こ

ぴったり2　65ページ

1 りんごが　8こ、みかんが
8こ　あります。
りんごと　みかんは、
あわせて　なんこ　ありますか。

きょうかしょ27ページ1

しき［8+8=16］　　こたえ（ 16 ）こ

2 あめが　16こ　ありました。
ゆかさんが　9こ　たべました。
のこりは、なんこに　なりましたか。

きょうかしょ27ページ▶

しき［16−9=7］　　こたえ（ 7 ）こ

よくよんで
3 クッキー《くっき》が　9まい、
ビスケット《びすけっと》が　17まい
あります。
どちらが　なんまい
おおいですか。

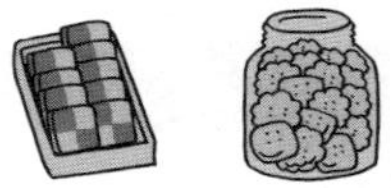

きょうかしょ28ページ▶

しき［17−9=8］

こたえ（ビスケット）が（ 8 ）まい　おおい

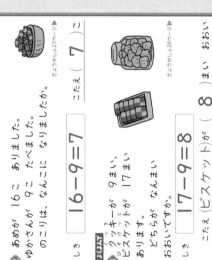

ぴったり3　66~67ページ

知識・技能　/70てん

1 12−6の　けいさんを　します。
□に　かずを　かきましょう。　□1つ5てん(20てん)

❶ 2−6は　できない。

❷ 12を　10と［2］に　わける。

❸ 10から　6を　ひいて［4］。

❹ ［4］と　2を　たして［6］。

2 よく出る　けいさんを　しましょう。　1つ5てん(30てん)

① 13−4=［9］　② 15−8=［7］

③ 12−7=［5］　④ 16−9=［7］

⑤ 11−6=［5］　⑥ 14−5=［9］

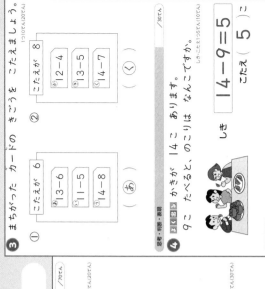

3 まちがった　カードの　きごうを　こたえましょう。　1つ10てん(20てん)

① こたえが　6
- あ 13−6
- い 11−5
- う 14−8

（ あ ）

② こたえが　8
- か 12−4
- き 13−5
- く 14−7

（ く ）

思考・判断・表現　/30てん

4 よく出る　かきが　14こ　あります。
9こ　たべると、のこりは　なんこですか。　しき・こたえ1つ5てん(10てん)

しき［14−9=5］

こたえ（ 5 ）こ

できたらすごい!

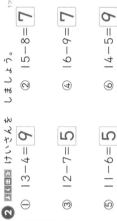

5 こたえが　5に　なる　ひきざんを　ならべました。
□に　かずを　かきましょう。　1つ10てん(20てん)

11−6=5
12−［7］=5
13−［8］=5

ぴったり1

1 問題文を読んで、たすのかひくのかを読み取ります。
問題文の中のキーワードに着目します。

ぴったり2

❶ 「あわせて　なんこ」だから、式はたし算になります。くり上がりに気をつけましょう。

❷ 「のこりは　なんこ」だから、式はひき算になります。くり下がりに気をつけましょう。

❸ 「どちらがおおい、すくない」は、ひき算で求めます。ひき算は、大きい方の数から小さい方の数をひくことに注意します。また、答えの書き方にも気をつけましょう。

ぴったり3

❶ このような計算の原理原則がわかり、計算が速く正しくできるようになれば、この単元は合格と言えます。

❷ 一般的には、ひく数が10に近い数のときには、ひかれる数を10といくつに分けて考える計算方法が使いやすく、ひく数がひかれる数の一の位の数に近いときには、ひく数を分解して10をつくって計算する方法が使いやすいとされています。
どちらの方法でもかまいません。自分が使いやすい方法を完全にマスターしておきましょう。

❸ それぞれのカードの答えを先に求めます。
①あは7、いは6、うは6
②かは8、きは8、くは7

❺ 答えが同じとき、ひかれる数が1増えると、ひく数も1増えます。ブロックなどを使って確認しておきましょう。

13 くらべてみよう

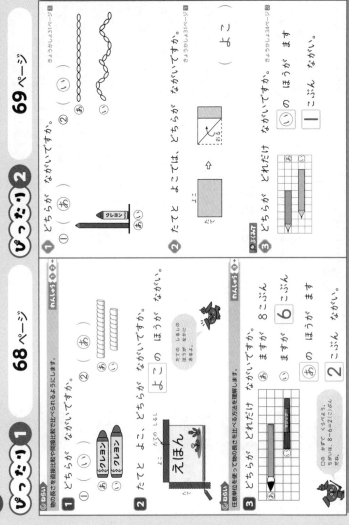

ぴったり1 68ページ

◎ねらい 物の長さを直接比較や間接比較で比べられるようにします。 れんしゅう❶❷

1 どちらが　ながいですか。

①（ い ）　②（ あ ）

あ クレヨン　い クレヨン

2 たてと　よこ、どちらが　ながいですか。

よこ の　ほうが　ながい。

えほん　たての しるし　よこ　たて

たての しるしの ほうが ながに あるよ。

◎ねらい 任意単位を使って物の長さを比べる方法を理解します。 れんしゅう❸

3 どちらが　どれだけ　ながいですか。

あ　ますが　８こぶん

い　ますが　6 こぶん

あ の　ほうが　ます

2 こぶん　ながい。

□の かずで くらべよう。ちがいは、8−6＝2(こ)ぶんだね。

ぴったり2 69ページ

❶ どちらが　ながいですか。　きょうかしょ31ページ1

①（ あ ）　②（ い ）

❷ たてと　よこでは、どちらが　ながいですか。　きょうかしょ31ページ1

よこ　たて　おる

（ よこ ）

よくみて

❸ どちらが　どれだけ　ながいですか。　きょうかしょ34ページ3

い の　ほうが　ます

1 こぶん　ながい。

ぴったり1 70ページ

◎ねらい かさの多い少ないを比較する方法を理解します。 れんしゅう❶❷

1 水《みず》の　かさは、どちらが　おおいですか。

あは　で　５はいぶん。

いは　で　3 ばいぶん。

あ の　ほうが　おおい。

5と 3では、5の ほうが 大きい…。

◎ねらい 広さも、１つ分を決めれば数値化して比べられることを理解します。 れんしゅう❸

2 どちらが　ひろいですか。

□の かずで くらべよう。

あは　□が　６こぶん。いは　□が　8 こぶん。

い の　ほうが　ひろい。

ぴったり2 71ページ

❶ 水の　かさは、どちらが　おおいですか。　きょうかしょ35ページ1

（ い ）

❷ 水が　おおく　入《はい》る　じゅんに　ならべましょう。　きょうかしょ37ページ

（ い → あ → う ）

よくみて

❸ どちらが　ひろいですか。　きょうかしょ38ページ1

（ あ ）

ぴったり1

1 ①は、左端がそろっているので、右にとび出ている方が長いです。②は、①のように、どちらかの端をそろえれば比べられることに気づかせます。（直接比較）

2 縦と横の長さをテープに置き換えて比べています。（間接比較）

3 方眼のますの数で長さを比べます（任意単位による比較）。長さを数値化することで、比較が具体的にできる良さに気づかせます。

ぴったり2

❶ ①下端がそろっているので、上に出ている方が長いです。
②たるみを伸ばすとどうなるかを考えます。

❷ 一方の辺(縦)を折り曲げて、他方の辺(横)に重ね合わせたとき、外側にある方が長いです。

❸ ますを単位として長さを比べます。このとき、ますの大きさは均一であることを確認します。
単位を決めることで、数字で長さが比較できるようになります。

ぴったり1

1 コップを単位として(任意単位)水の体積を数値化し、数字の大小で比較する良さや便利さを感じ取ります。このときのコップは同じものでなければなりません。

2 面積も、ますの数で比較することができます。

ぴったり2

❶ 水のかさの比較方法の例です。水面の高さで比べることができます。

❷ コップの数を数えましょう。あは７杯分、いは７杯分と少し、うは６杯分です。
いはあより多くうはあより少ないです。

❸ □の数を数えます。□は単位だから、同じ大きさであることを確認します。あは９個分の広さ、いは８個分の広さです。９＞８より、あの方が広いです。

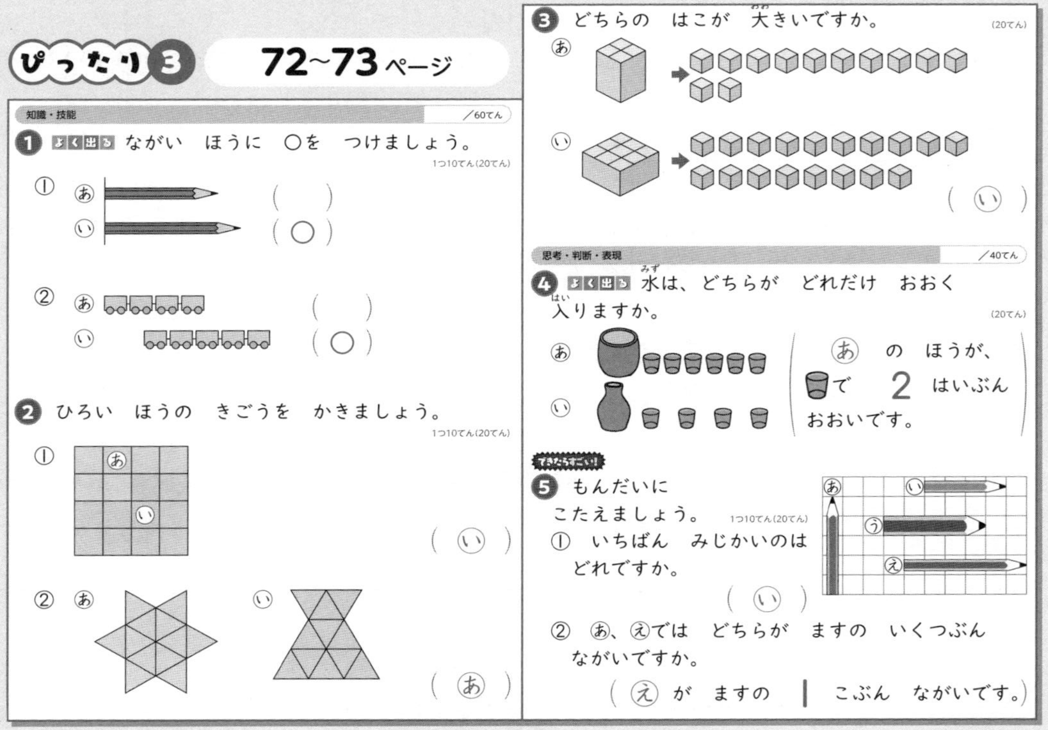
ぴったり3　72~73ページ

知識・技能　／60てん

❶ よく出る ながい　ほうに　○を　つけましょう。　1つ10てん(20てん)

① あ (　)　い (○)

② あ (　)　い (○)

❷ ひろい　ほうの　きごうを　かきましょう。　1つ10てん(20てん)

① (い)

② あ　い　(あ)

❸ どちらの　はこが　大《おお》きいですか。　(20てん)

あ　い　(い)

思考・判断・表現　／40てん

❹ よく出る 水《みず》は、どちらが　どれだけ　おおく　入《はい》りますか。　(20てん)

あ　い　(あ　の　ほうが、で　2　はいぶん　おおいです。)

❺ もんだいに　こたえましょう。　1つ10てん(20てん)

① いちばん　みじかいのは　どれですか。　(い)

② あ、えでは　どちらが　ますの　いくつぶん　ながいですか。

(え　が　ますの　1　こぶん　ながいです。)

ぴったり3

❶ ①左端がそろっているので、直接比較できます。

②車両を任意単位とした問題です。車両の数を長さに置き換えることができます。

❷ ①あは□6個分の広さ、いは□10個分の広さです。

②あは△12個分の広さ、いは△11個分の広さです。面積は、△を任意単位として比べることもできます。

❸ 箱の容積も、中に入る立方体の数などで比較できることを理解します。

あは小さい立方体12個分、いは小さい立方体18個分の大きさです。ブロックなどを積み上げて、実際にやってみるのがいちばんわかりやすいです。

❹ あはコップ6杯分、いはコップ4杯分です。違いを求めるので、数字を使って、ひき算をします。

6－4＝2(杯)

かさを数値化することで、違いの量が計算で求められて具体化できる便利さを理解します。

❺ 方眼の1ますを単位として鉛筆の長さを比べます。ますは正方形になっており、1ますの縦と横の長さは等しいことがポイントになります。したがって、縦置きになっていても、横置きになっていても、ますの数で長さが比べられることになります。

①あは、ます5個分の長さで、横置きにしても同じです。いは、ます4個分、うは、ます5個分、えは、ます6個分の長さです。

うの鉛筆だけ太くなっていますが、長さを比べるときは太さは関係ないことを補足しておきましょう。

②ひき算が使えます。

あは、ます5個分の長さ、えは、ます6個分の長さです。

えの鉛筆が、ます6－5＝1(個)分長いです。

ぴったり1　74ページ

ねらい
色板を敷きつめて、いろいろな図形を作ることができるようにします。　れんしゅう 1

1 右《みぎ》の　いろいたを　3まい　ならべて
つくりました。どのように　ならべましたか。

2 1まいだけ　うごかしました。
どの　いろいたを　うごかしましたか。

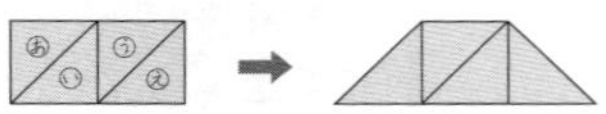

（あ）を
うごかした。

ねらい
平面図形が辺と頂点で成り立っていることを理解します。　れんしゅう 2 3

3 ・と　・を　せんで　つないで、さんかくを
2つ　つくりましょう。

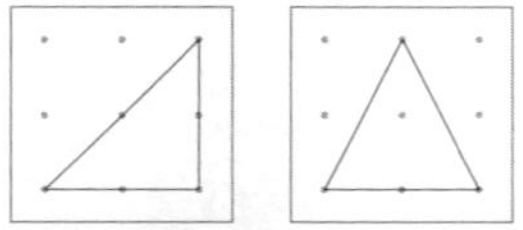

ぴったり2　75ページ

1 右の　いろいたを　4まい　ならべて、
ちがう　かたちを　3つ　つくりましょう。

きょうかしょ43ページ2

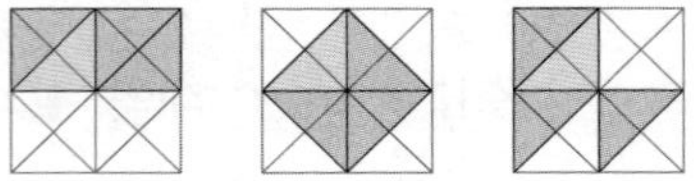

2 ぼうを　なん本《ぼん》　つかいましたか。　きょうかしょ44ページ3

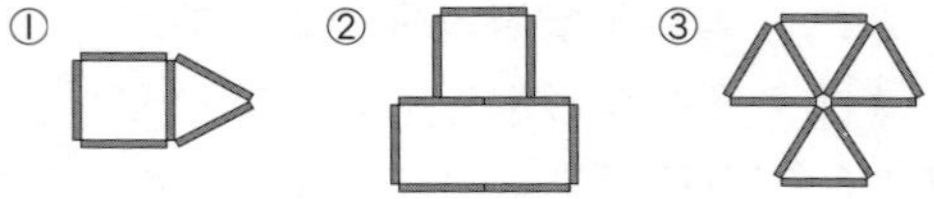

（ 6 ）本《ぼん》　（ 9 ）本《ほん》　（ 10 ）本

よくみて
3 おなじ　かたちを　かきましょう。　きょうかしょ45ページ4

ぴったり3　76〜77ページ

知識・技能　/80てん

1 よく出る　つぎの　かたちは、あの　いろいたが
なんまいで　できますか。　1つ10てん(40てん)

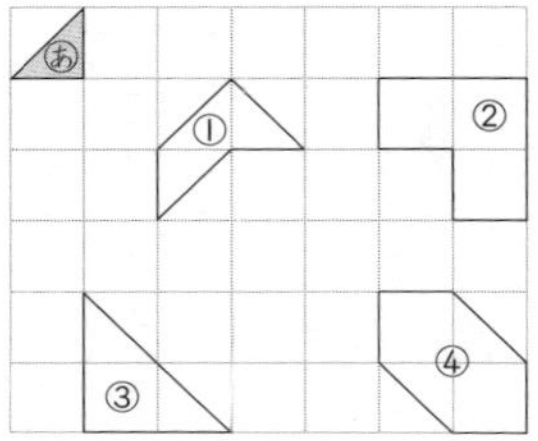

① （ 3 ）まい
② （ 6 ）まい
③ （ 4 ）まい
④ （ 6 ）まい

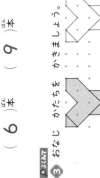

2 よく出る　・と　・を　せんで　つないで、
おなじ　かたちを　かきましょう。　(20てん)

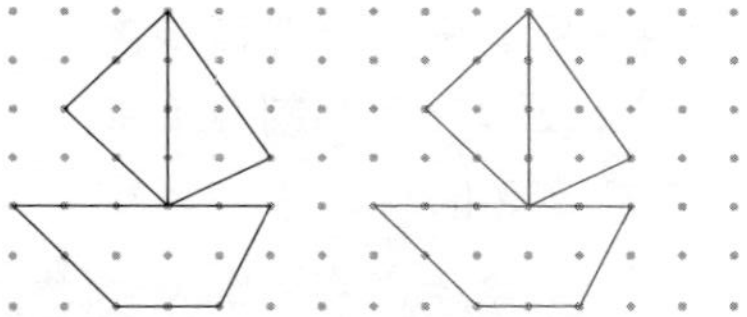

3 ぼうを　つかって　つくりました。　1つ10てん(20てん)

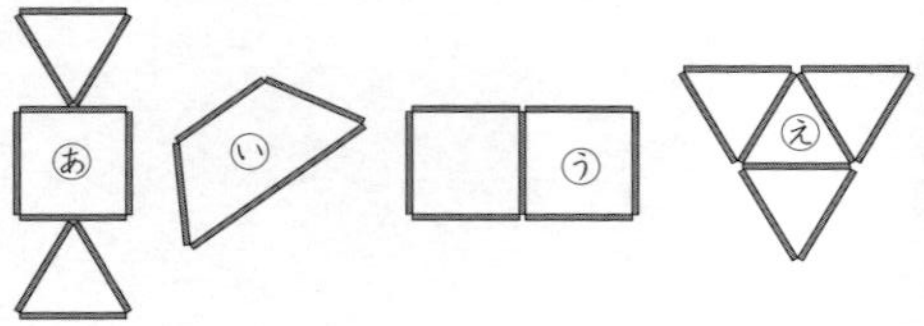

① 7本《ほん》　つかって　できた　かたちは　どれですか。
（ う ）

② 9本　つかって　できた　かたちは　どれですか。
（ え ）

思考・判断・表現　/20てん

4 2まい　うごかして　右《みぎ》の　かたちを
つくりました。
どれと　どれを　うごかしましたか。　(20てん)

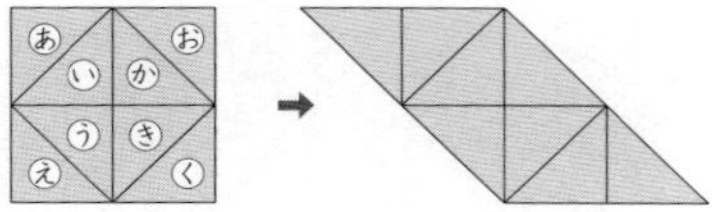

（ え と お ）

ぴったり1

1 色板の形(直角二等辺三角形)の特徴をとらえて、組み合わせた図形を考える問題です。実際にやってみるのが最も効果的です。

2 あを回転させて動かすと、図のようになります。

3 さんかくは、「かどが3つあって、3本の線で囲まれている」ことを意識させます。
どの3点をつないでもかまいません。いろいろな三角形ができることを楽しみましょう。

ぴったり2

1 色板は、同じ向きにだけ並べるのではなく、回転させたり、裏返したりして、色板のどこかしらがくっつくように並べます。問題の図の黒い線に合わせて並べましょう。

2 棒に印をつけながら数えましょう。

3 点と点の間の長さをまちがえないようにしましょう。

ぴったり3

1 色板の形に線をひいて数えます。

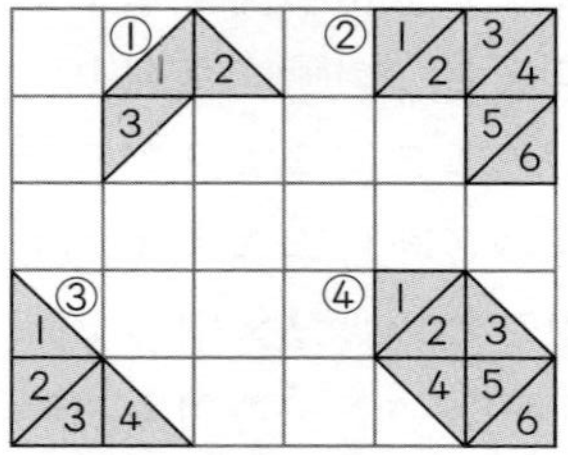

2 左の図形と見比べながら、線をひきましょう。ひいた線の上にある点の数を数えながら描くと、まちがいが少なくなります。

3 まず、それぞれの形が何本の棒を使ってできているかを調べます。あは10本、いは5本、うは7本、えは9本です。

4 斜めの線の位置関係から、動かした色板をさがします。

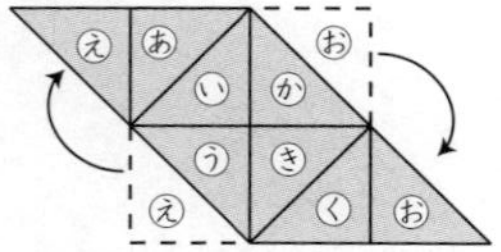

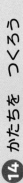

15 大きい　かずを　かぞえよう

ぴったり1　78ページ

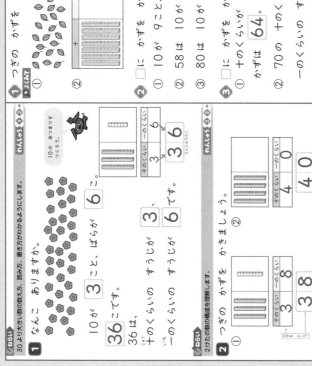

ねらい　30より大きい数の数え方、読み方、書き方がわかるようにします。　れんしゅう①②

1 なんこ　ありますか。

10の　あつまりを　つくろう。

10が [3] こと、ばらが [6] こ。
[36] こです。
36は、
十《じゅう》のくらいの　すうじが [3]、
一《いち》のくらいの　すうじが [6] です。

十のくらい	一のくらい
3	6

[3 6] さんじゅうろく

ねらい　2けたの数の構成を理解します。　れんしゅう②③

2 つぎの　かずを　かきましょう。
① 十のくらい 3、一のくらい 8 → [38]
② 十のくらい 4、一のくらい 0 → [40]

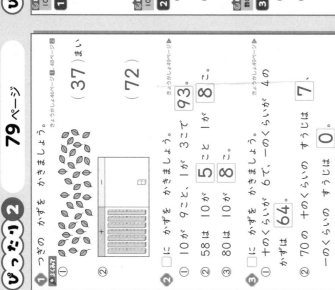

ぴったり2　79ページ

1 つぎの　かずを　かきましょう。　よくみて　きょうかしょ46ページ1、48ページ2
① （37）まい
② （72）

2 □に　かずを　かきましょう。　きょうかしょ49ページ
① 10が　9こと、1が　3こで [93]。
② 58は　10が [5] こと　1が [8] こ。
③ 80は　10が [8] こ。

3 □に　かずを　かきましょう。　きょうかしょ49ページ
① 十のくらいが　6で、一のくらいが　4の　かずは [64]。
② 70の　十のくらいの　すうじは [7]、一のくらいの　すうじは [0]。

ぴったり1　80ページ

ねらい　100の構成を理解します。　れんしゅう①

1 なんまい　ありますか。

100は　99より　1大きい　かずだよ。

10が　10たばで、百《ひゃく》 → [100] まい

ねらい　100までの数の順番と大小を理解します。　れんしゅう②

2 □に　かずを　かきましょう。
① 96　97　98　99　100
② 60　59　58　57　56

ねらい　数の並びから、いくつ大きい、いくつ小さいがわかるようにします。　れんしゅう③

3 □に　かずを　かきましょう。
① 95より　5　大きい　かずは [100]。
② 100より　3　小《ちい》さい　かずは [97]。

かずを　ならべて　かんがえてみよう。

ぴったり2　81ページ

1 □に　かずを　かきましょう。　きょうかしょ51ページ
① が　10たばで [100] さつ。
② が [10] こで 。

2 □に　かずを　かきましょう。　きょうかしょ53ページ
① 86　87　88　89　90
まちがいちゅうい
② 72　71　70　69　68
③ 96　97　98　99　100

② 大きい　じゅんに　ならんでいるよ。

3 □に　かずを　かきましょう。　きょうかしょ53ページ
① 94より　6　大きい　かずは [100]。
② 100より　2　小さい　かずは [98]。

ぴったり1

1 2けたの数の仕組み、数え方、読み方、書き方を学びます。
位取りの言葉「十のくらい」「一のくらい」を覚えましょう。

2 ①10が3こで30、1が8こで8、30と8で38。
38は、十の位が3、一の位が8の数です。
②10が4こで40。
40は、十の位が4、一の位が0の数です。

ぴったり2

1 ①10のまとまりをつくります。10が3こで30、ばらが7こで7、30と7で37です。

2 ①10が9こで90、1が3こで3、90と3で93です。ばらは、1が何こと考えます。
②58は50と8。50は10が5こ、8は1が8こです。

3 ①十の位の6は10が6こあることを、一の位の4は1が4こあることを表しています。

ぴったり1

2 ①[98]→[99]から、1ずつ増えていることがわかります。99より1大きい数は100です。
②[58]→[57]から、1ずつ減っていることがわかります。60より1小さい数は59です。

3 数を並べて書いて考えましょう。
①95　96　97　98　99　100
1　2　3　4　5大きい
②97　98　99　100
3小さい　2　1

ぴったり2

1 100の構成を覚えましょう。

2 2けたの数の系列がわかっているかを見る問題です。
①1ずつ大きい数が並んでいます。
②1ずつ小さい数が並んでいます。
③1ずつ大きい数が並んでいます。

3 「かずのせん」を使って考えてもよいです。
①94より6めもり右の数は100です。
②100より2めもり左の数は98です。

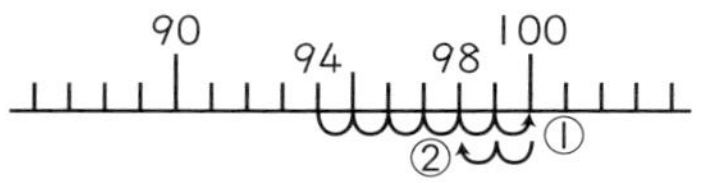

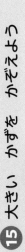

ぴったり1　82ページ

◎ねらい　100をこえる数の数え方、読み方、書き方がわかるようにします。　れんしゅう ①②③④

1 なんまい　ありますか。
かずを　かいて　よみましょう。

① 100と　13で

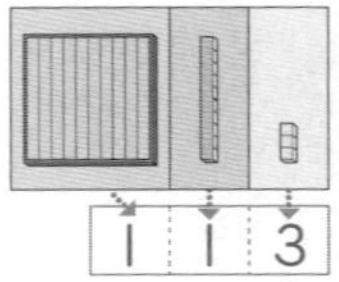

113です。
これを、
ひゃくじゅうさん　と
よみます。

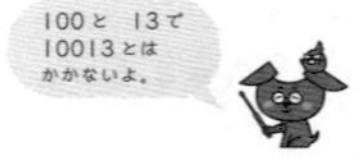

② 100と　2で

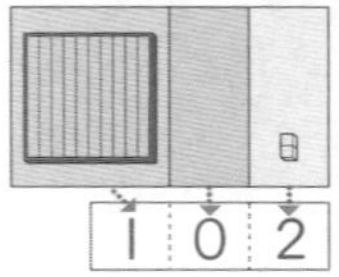

102です。
これを、ひゃくに　と
よみます。

ぴったり2　83ページ

1 なん円《えん》ですか。　きょうかしょ54ページ1

①　120円　　！まちがいちゅうい　②　105円

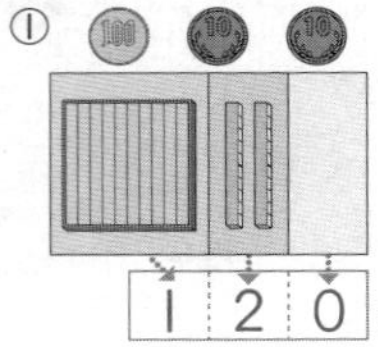

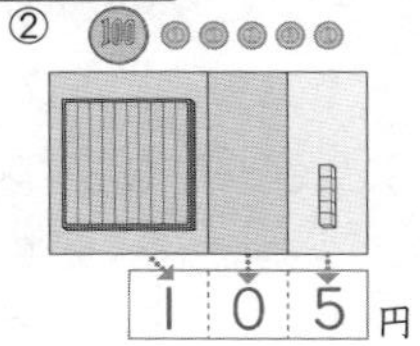

2 かずを　よみましょう。　きょうかしょ54ページ1

① 108　（ ひゃくはち ）　② 116　（ひゃくじゅうろく）

3 かずを　かきましょう。　きょうかしょ54ページ1

① ひゃくしち　（ 107 ）　② ひゃくじゅう　（ 110 ）

4 □に　かずを　かきましょう。　きょうかしょ54ページ1

108　109　110　111　112　113　114

ぴったり1　84ページ

◎ねらい　(何十)＋(何十)、(何十)－(何十)の計算ができるようにします。　れんしゅう ①

1 けいさんを　しましょう。

① 30＋40＝70　② 60－50＝10

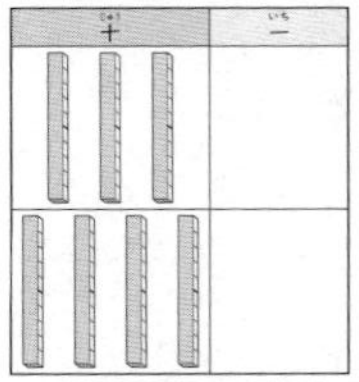

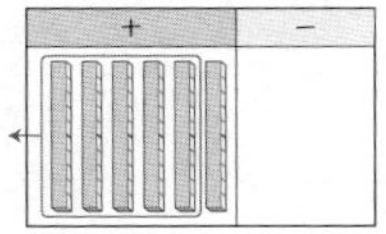

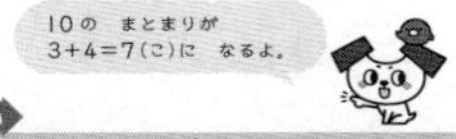

◎ねらい　(1けた)＋(2けた)、(2けた)－(1けた)の計算ができるようにします。　れんしゅう ②

2 けいさんを　しましょう。

① 3＋26＝29　② 68－5＝63

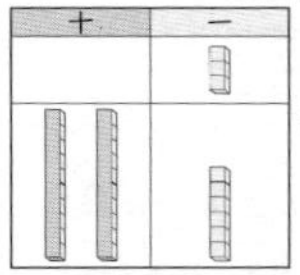

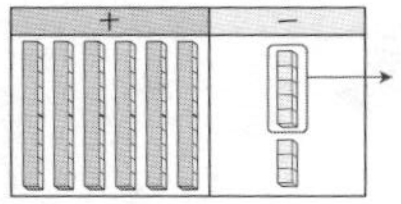

ぴったり2　85ページ

1 けいさんを　しましょう。　きょうかしょ55ページ1、57ページ3

① 30＋50＝80　② 20＋80＝100
③ 80－50＝30　④ 100－10＝90

2 けいさんを　しましょう。　きょうかしょ56ページ2、58ページ4

① 23＋3＝26　② 50＋2＝52
③ 5＋61＝66
④ 7＋40＝47
！まちがいちゅうい
⑤ 76－2＝74　⑥ 97－4＝93
⑦ 53－3＝50　⑧ 69－9＝60

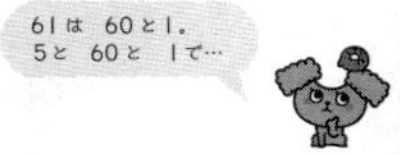

ぴったり1

1 120くらいまでの数についての学習です。100といくつに分けて考えます。考え方の基本は2けたの数と同じです。
①読み方、書き方を理解させます。
②十の位は0になります。ブロックの図を見て、数の仕組みを理解します。

ぴったり2

1 ①は一の位の0を、②は十の位の0を忘れないようにします。

2 今までに学習してきた2けたまでの数の読み方の前に「ひゃく」をつけます。

3 ①十の位の0を忘れないようにします。

4 「100といくつ」の数の構成が理解できていれば、「いくつ」の部分は、今までに学習してきた2けたまでの数の系列と同じであることに気づくはずです。

ぴったり1

1 「何十」の計算です。10のまとまりがいくつあるかで考えます。
①10が、3＋4＝7(こ)で70
②10が、6－5＝1(こ)で10
10のまとまりで考えることで、1けたの計算に置き換えることができます。

2 くり上がりやくり下がりのない、2けたと1けたの計算です。十の位はそのままで、一の位どうしの計算をします。10がいくつ、1がいくつと考えるくせをつけましょう。

ぴったり2

1 100は10が10こです。
②10が、2＋8＝10(こ)で100
④10が、10－1＝9(こ)で90

2 1けたの数をどこにたすのか、どこからひくのか迷う場合は、2けたの数の構成を復習しましょう。
③61は60と1。5と60と1で66。
⑤76は70と6。6から2をひいて4。70と4で74。
⑦53は50と3。3から3をひいて0。50と0で50。

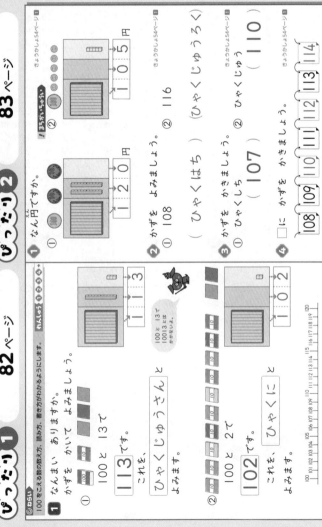

16 なんじなんぷん

ぴったり3　86~87ページ

知識・技能　／90てん

❶ なん本《ぼん》　ありますか。（5てん）

（ 74 ）本《ほん》

❷ よく出る □に　かずを　かきましょう。□1つ5てん(30てん)

① 10が　8こと、1が　6こで 86。

② 10が　10こで 100。

③ 37は、10が 3 こと　1が 7 こ。

④ 95は、あと 5 で　100。

⑤ 100より　2　小《ちい》さい　かずは 98。

❸ よく出る □に　かずを　かきましょう。□1つ5てん(15てん)

① 62 63 64 65

② 110 100 90 80

❹ 大きい　ほうに　○を　つけましょう。1つ5てん(10てん)

① 39 42 （ ）（○）

② 111 107 （○）（ ）

❺ よく出る けいさんを　しましょう。1つ5てん(30てん)

① 50+20=70　② 100−50=50

③ 70+2=72　④ 46−6=40

⑤ 34+5=39　⑥ 85−2=83

思考・判断・表現　／10てん

できたらスゴイ！

❻ 0から　120までの　かずで、一《いち》のくらいが　4の　かずは　なんこ　ありますか。(10てん)

（ 12 ）こ

ぴったり1　88ページ

ねらい　時計を見て、何時何分が読めるようにします。　れんしゅう ❶❷→

❶ なんじなんぷんですか。

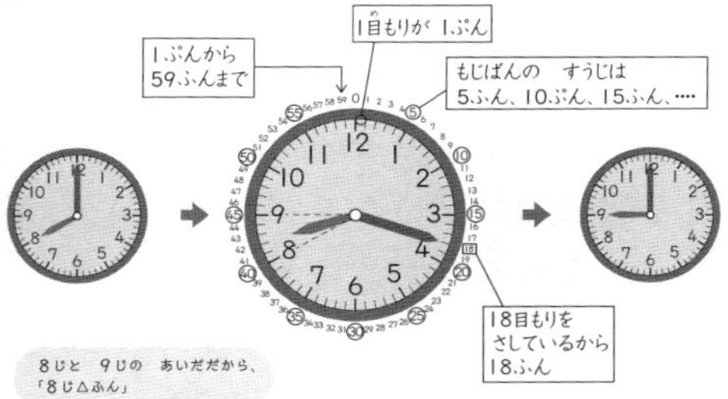

1目もりが 1ぷん
1ぷんから
59ふんまで
もじばんの　すうじは
5ふん、10ぷん、15ふん、……
18目もりを
さしているから
18ふん
8じと　9じの　あいだだから、
「8じ△ふん」

8じと　9じの　あいだです。

ながい　はりが　18目もり　すすんでいるので、

8 じ 18 ふんです。

みじかい　はりで「なんじ」、ながい　はりで「なんぷん」とよむんだよ。

ぴったり2　89ページ

❶ とけいを　よみましょう。　きょうかしょ61ページ▶

！まちがいちゅうい
9じはんとも
いったね。

① （ 9 じ 30 ぷん）　② （ 6 じ 55 ふん）

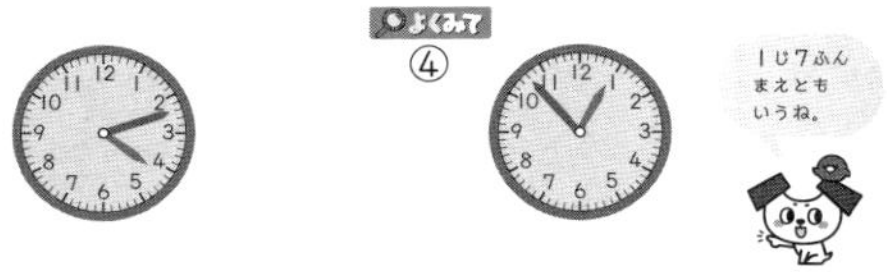

よくみて
1じ7ふん
まえとも
いうね。

③ （ 4 じ 12 ふん）　④ （12じ 53 ぷん）

❷ ながい　はりを　かきましょう。　きょうかしょ62ページ❷

① 3じ 10ぷん　② 11じ 37ふん

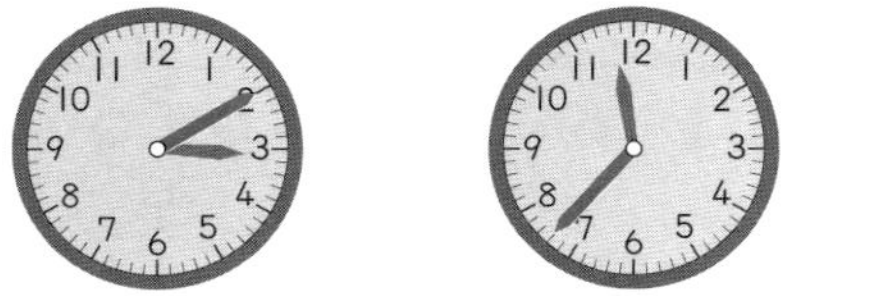

ぴったり3

❶ 10が7こで70、ばらが4こで4、70と4で74。
100までの数をかぞえるときは、10がいくつと1がいくつと数えることを徹底させます。

❷ ①10が8こで80、1が6こで6、80と6で86。

❸ ①62→63から、1ずつ大きくなっていることがわかります。63の次は64です。
②100→90から、10ずつ小さくなっていることがわかります。

❹ ①十の位の数を比べます。
②111は100と11、107は100と7です。11と7では11の方が大きいから、111の方が107より大きいです。

❺ ③～⑥十の位の数と一の位の数を計算してしまうまちがい(例70+2=90)があるときは、もう一度2けたの数の構成について復習しましょう。

❻ 小さい順に数を書かせて、個数を数えましょう。

ぴったり1

❶ 文字盤の数字と「分」の読み方を混同する子どもが多く見受けられます。まずは、5分刻みで正しく読み取ることから始めましょう。
時計の針は右回りです。何時何分のときの「何時」は、短針が通り過ぎた文字盤の数字を読むことを覚えさせます。

ぴったり2

❶ ①「9じはん」と答えてもかまいませんが、「分」を読む練習なので「30分」と読めるようにしましょう。
②短針は7に近いですが、6と7の間で、「6」を通り過ぎたから「6時～分」と読みます。
④短針は12と1の間で、「12」を通り過ぎたから「12時～分」です。

❷ ②37分は、35分(文字盤の7)から2分進んだ時刻です。

ぴったり3　90~91ページ

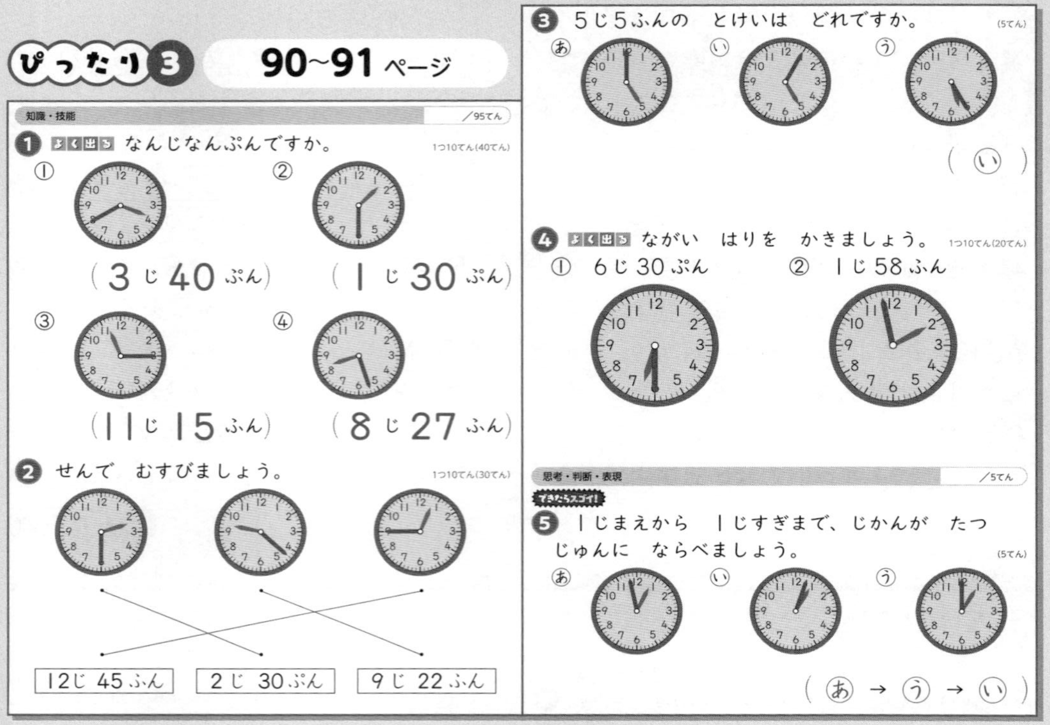

知識・技能　/95てん

1 よく出る　なんじなんぷんですか。　1つ10てん(40てん)

①（3じ40ぷん）　②（1じ30ぷん）　③（11じ15ふん）　④（8じ27ふん）

2 せんで　むすびましょう。　1つ10てん(30てん)

12じ45ふん　2じ30ぷん　9じ22ふん

3 5じ5ふんの　とけいは　どれですか。　(5てん)

あ　い　う　（い）

4 よく出る　ながい　はりを　かきましょう。　1つ10てん(20てん)

① 6じ30ぷん　② 1じ58ふん

思考・判断・表現　/5てん

できたらスゴイ!

5 1じまえから　1じすぎまで、じかんが　たつ　じゅんに　ならべましょう。　(5てん)

あ　い　う　（あ→う→い）

ぴったり1　92ページ

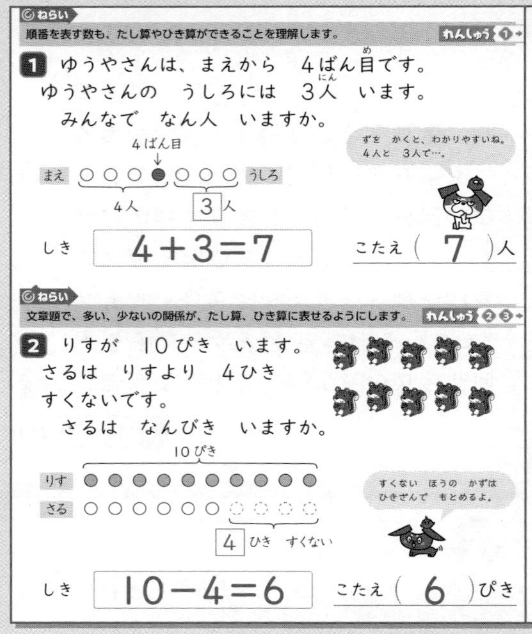

ねらい　順番を表す数も、たし算やひき算ができることを理解します。　れんしゅう1

1 ゆうやさんは、まえから　4ばん目《め》です。ゆうやさんの　うしろには　3人《にん》　います。みんなで　なん人　いますか。

4ばん目　まえ　うしろ　4人　3人

ずを　かくと、わかりやすいね。4人と　3人で…。

しき　4+3=7　こたえ（7）人

ねらい　文章題で、多い、少ないの関係が、たし算、ひき算に表せるようにします。　れんしゅう2 3

2 りすが　10ぴき　います。さるは　りすより　4ひき　すくないです。さるは　なんびき　いますか。

10ぴき　りす　さる　4ひき　すくない

すくない　ほうの　かずは　ひきざんで　もとめるよ。

しき　10−4=6　こたえ（6）ぴき

ぴったり2　93ページ

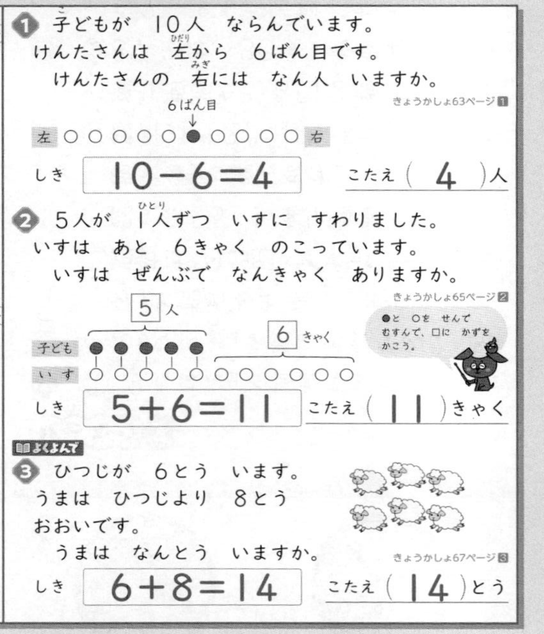

1 子どもが　10人　ならんでいます。けんたさんは　左《ひだり》から　6ばん目です。けんたさんの　右《みぎ》には　なん人　いますか。　きょうかしょ63ページ1

6ばん目　左　右

しき　10−6=4　こたえ（4）人

2 5人が　1人《ひとり》ずつ　いすに　すわりました。いすは　あと　6きゃく　のこっています。いすは　ぜんぶで　なんきゃく　ありますか。　きょうかしょ65ページ2

5人　6きゃく　子ども　いす

●と　○を　せんで　むすんで、□に　かずを　かこう。

しき　5+6=11　こたえ（11）きゃく

よくよんで

3 ひつじが　6とう　います。うまは　ひつじより　8とう　おおいです。うまは　なんとう　いますか。　きょうかしょ67ページ3

しき　6+8=14　こたえ（14）とう

ぴったり3

1 ①文字盤の8は、40分を表します。短針が4に近いので、どうしても4時40分と答えてしまいがちです。3時40分と4時40分のちがいを、実際に時計を動かして確認しましょう。

④長針は、文字盤の5(25分)から2目もり(2分)進んだ位置にあるので、27分です。

3 あは5時、いは5時5分、うは5時25分です。長針の位置と「分」の読み方を確認しておきましょう。

4 ②58分は、55分(文字盤の11)から3分進んだ時刻です。

5 あは12時58分(1時の2分前)、いは1時3分(1時から3分すぎ)、うは1時です。

「1時前」は1時から針を戻した時刻、「1時すぎ」は1時から針を進めた時刻です。針の回転の向きと、時間の前後の関係をしっかりおさえておきましょう。

ぴったり1

1 「4ばん目」の4は順番を表す数ですが、4番目までに「4人」いると考えて、4人と3人の計算をします。順番を表す数を計算に使う学習です。

2 多い方の数、少ない方の数を求める文章題です。図をかくことで数量関係がとらえやすくなります。

ぴったり2

1 「6ばん目」は「6人」に置き換えられるので、けんたさんの右には、10−6=4(人)います。

2 図の●と○を線で結ぶと、子どもがすわった椅子は5脚です。すわっていない椅子が6脚だから、椅子は全部で、5+6=11(脚)です。

3 馬の方が羊より多いので、馬の数を求める式はたし算です。

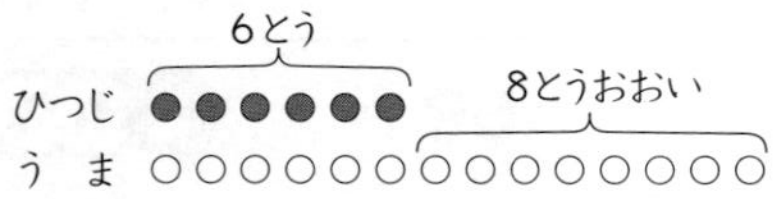

ぴったり1　94ページ

◎ねらい
2等分、3等分の考え方を理解し、たし算を使って表現できるようにします。　れんしゅう①

1 あめが　6こ　あります。
2人《ふたり》で　おなじ　かずに
なるように　わけましょう。

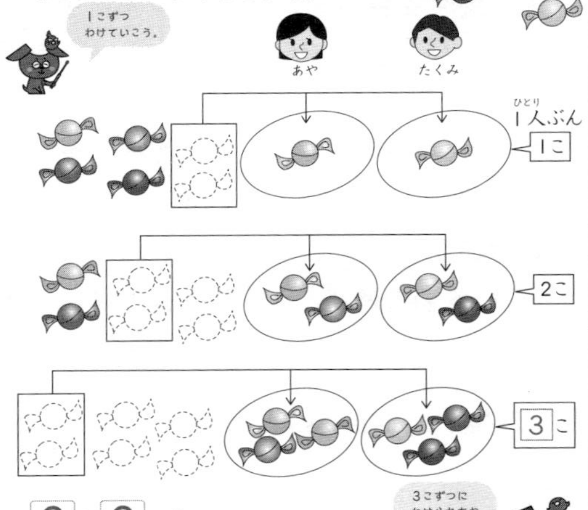

1こずつ
わけていこう。
あや
たくみ
1人《ひとり》ぶん
1こ
2こ
3こ
3こずつに
わけられたね。

3 + 3 =6
おなじ　かずが　入るよ

ぴったり2　95ページ

1 12この　チョコレ《ちょこれ》ート《と》を　おなじ　かずに
なるように　わけます。　きょうかしょ69ページ1

① 2人で　わけます。ずを　かきましょう。

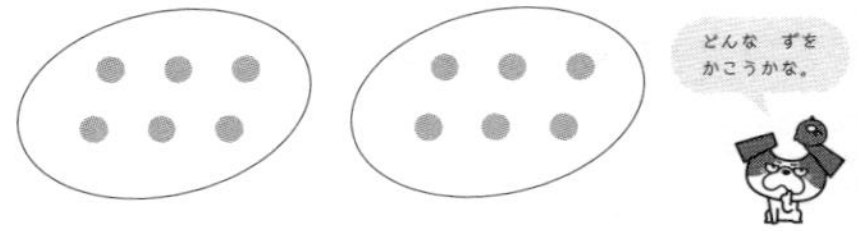

どんな　ずを
かこうかな。

6 + 6 =12　　1人ぶんは 6 こです。
おなじ　かずが　入るよ。

まちがいちゅうい
② 3人《にん》で　わけます。ずを　かきましょう。

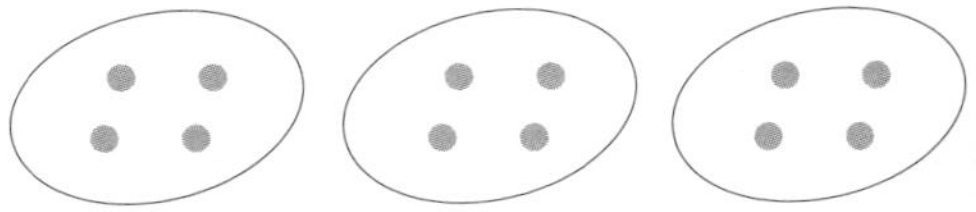

4 + 4 + 4 =12　　1人ぶんは 4 こです。
おなじ　かずが　入るよ。

ぴったり3　96〜97ページ

思考・判断・表現　／100てん

1 こうていに　ならびました。
あきらさんは　まえから　7ばん目《め》です。
あきらさんの　うしろには　6人《にん》　います。
みんなで　なん人　いますか。　しき・こたえ1つ10てん(20てん)

しき　7+6=13　　こたえ（ 13 ）人

2 よく出る　いちごが　11こ　あります。8まいの
さらに　1こずつ　のせると、いちごは　なんこ
のこりますか。
□に　ことばや　かずを　かいて　こたえましょう。
ず10てん、しき・こたえ1つ10てん(30てん)

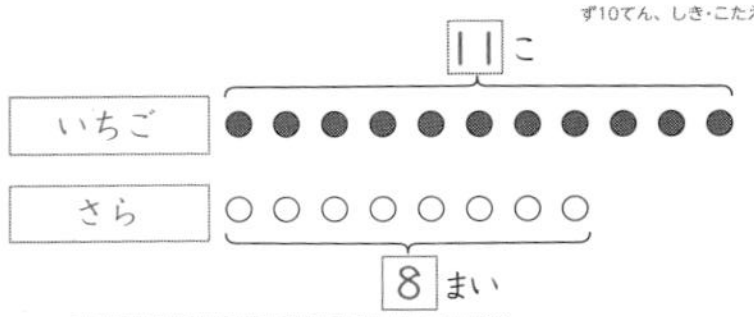

11こ
いちご
さら
8まい

しき　11−8=3　　こたえ（ 3 ）こ

3 よく出る　ねこが　6ぴき　います。
いぬは　ねこより　5ひき
おおいです。
いぬは　なんびき　いますか。
ずを　かいて　こたえましょう。
ず10てん、しき・こたえ1つ10てん(30てん)

ねこ
いぬ

しき　6+5=11　　こたえ（ 11 ）ぴき

4 みかんが　8こ　あります。
□に　かずを　かきましょう。　1もん10てん(20てん)

① 2人《ふたり》で　おなじ　かずに
なるように　わけましょう。
4 + 4 =8　　1人《ひとり》ぶんは 4 こ

できるとスゴイ！
② 4人で　おなじ　かずに　なるように
わけましょう。
2 + 2 + 2 + 2 =8
1人ぶんは 2 こ

ぴったり1

1 数を等分して、たし算の式に表します。かけ算やわり算につながる考え方です。今の段階では、1個ずつ順に分けていって検証するという方法で答えを求めます。絵をかいたりブロックを使うとわかりやすいです。

ぴったり2

1 1個ずつ分けていきましょう。分け終わったチョコレートには印をつけておきましょう。
12は約数が多いので、いろいろな数で等分することができます。ほかの数でもやってみましょう。

ぴったり3

1 7番目は7人に置き換えられます。○を使った図をかいて確認しましょう。

2 皿にのせたいちごは8個だから、残りはひき算で求めて、11−8=3(個)となります。
図の●と○を1つずつ線で結んで、皿にのせたいちごの数を確認しましょう。

3 多い方の数を求めるので、式はたし算になります。
図で確かめておきましょう。

4 図をかいたり、ブロックを使ってやってみましょう。
全部分け切れているか確認します。
たし算の式を計算して答えが8になることも確かめておきましょう。

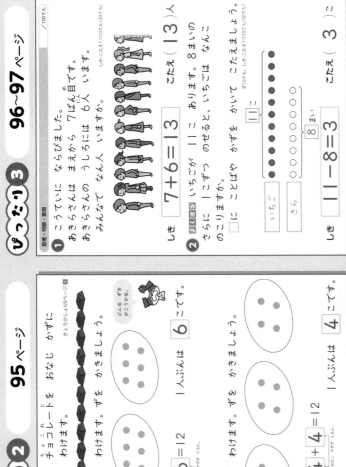

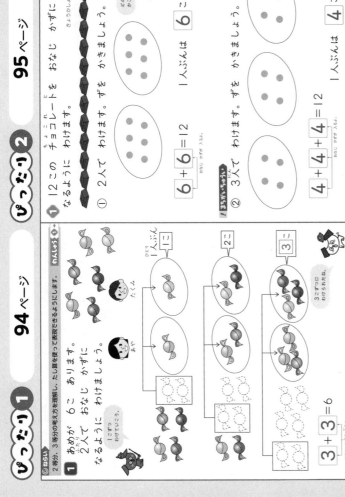

ぴったり1 98ページ

◎ねらい
簡単なグラフにまとめて、グラフからいろいろなことが読みとれるようにします。 れんしゅう 1→

1 りくさんの　クラス《くらす》では　あきかんを　あつめて　います。りくさんが　もってきた　あきかんの　かずを　せいりしましょう。

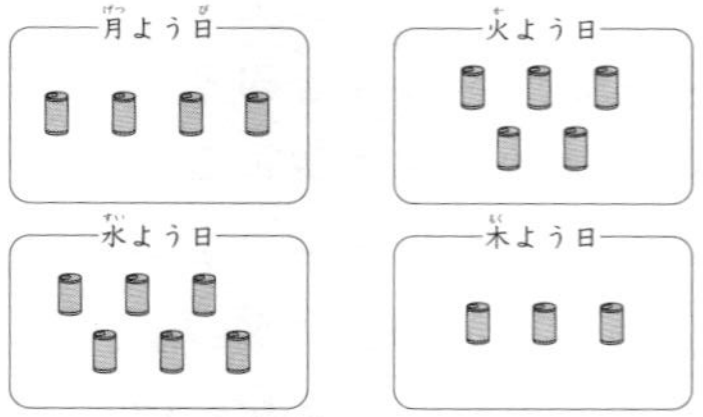

月《げつ》よう日《び》
火よう日
水《すい》よう日
木《もく》よう日

このままでは
かずが
わかりにくいね。

火よう日は 5 こ、
水よう日は 6 こです。
いちばん　おおく　もってきたのは 水 よう日で、いちばん　すくないときとの　ちがいは 3 こです。

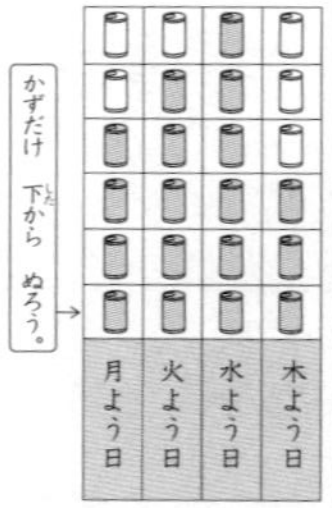

かずだけ 下から ぬろう。
月ようび
火ようび
水ようび
木ようび

ぴったり2 99ページ

1 かぜで　やすんだ　人《ひと》の　かずを　しらべました。
きょうかしょ72〜73ページで、せいりの しかたを かんがえよう。

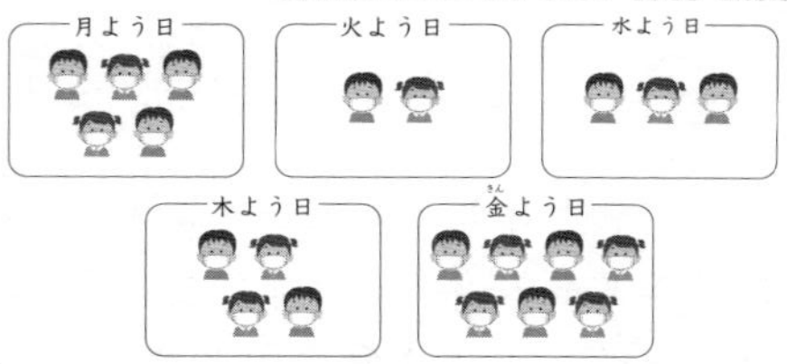

月よう日
火よう日
水よう日
木よう日
金《きん》よう日

① やすんだ　人の　かずだけ　いろを　ぬりましょう。

② 月よう日に　やすんだ　人と　水よう日に　やすんだ　人の　かずの　ちがいは　なん人《にん》ですか。
(2)人

よくよんで
③ やすんだ　人が　いちばん　おおいときと　いちばん　すくないときの　ちがいは　なん人ですか。
(5)人

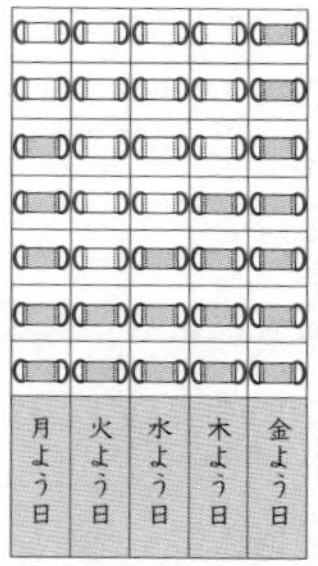

月ようび
火ようび
水ようび
木ようび
金ようび

ぴったり1

1 資料を見やすい形(簡単な棒グラフ)に整理する学習です。下から個数分だけ色をぬることによって、高さで多い少ないが一目でわかるようになります。
いちばん多いのは水曜日で6個、いちばん少ないのは木曜日で3個です。設問文以外に、どのようなことがグラフから読み取れるか、いろいろ話し合ってみましょう。

ぴったり2

1 ①それぞれの曜日の人数を数字で表してから、色をぬりましょう。
②グラフから求めてみましょう。マスクの数のちがいは2個だから2人です。
③いちばん多いのは高さがいちばん高い金曜日、いちばん少ないのは高さがいちばん低い火曜日です。マスクの数のちがいは5個だから5人です。

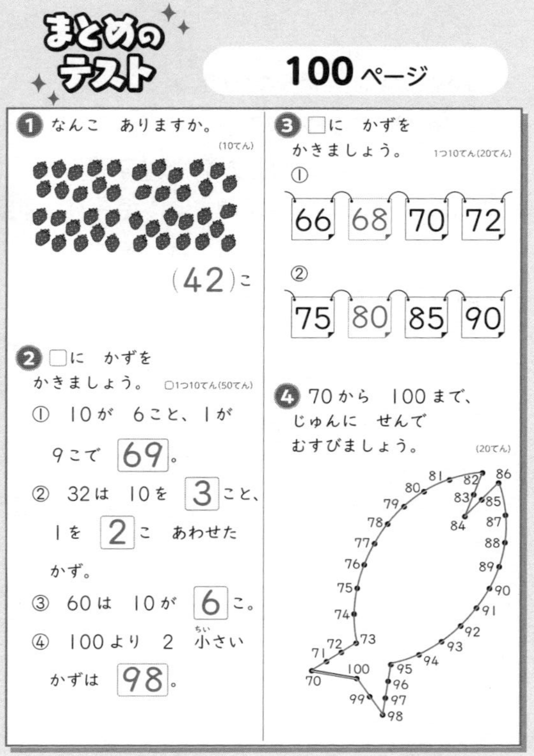
まとめのテスト
100 ページ
❶ なんこ　ありますか。(10てん)
(42)こ
❷ □に　かずを
かきましょう。□1つ10てん(50てん)
① 10が　6こと、1が
9こで 69。
② 32は　10を 3こと、
1を 2こ　あわせた
かず。
③ 60は　10が 6こ。
④ 100より　2　小《ちい》さい
かずは 98。
❸ □に　かずを
かきましょう。 1つ10てん(20てん)
①
66 68 70 72
②
75 80 85 90
❹ 70から　100まで、
じゅんに　せんで
むすびましょう。(20てん)
70 71 72 73 74 75 76 77 78 79 80 81 82 83 84 85 86 87 88 89 90 91 92 93 94 95 96 97 98 99 100

❶ 10ずつ囲んで、10がいくつとばらがいくつと数えます。
10が4こで40、ばらが2こで2、40と2で42。

❷ ①10が6こで60、1が9こで9、60と9で69。
②32は30と2。30は10が3こ、2は1が2こ。
④100から大きい順に数を並べて求めてもかまいません。
100　99　98
2小さい
「かずのせん」を使って求めてもよいでしょう。

❸ ①70→72より、2ずつ大きい数が並んでいます。66より2大きい数は68です。
②85→90より、5ずつ大きい数が並んでいます。75より5大きい数は80です。
2飛びや5飛びで数が数えられるようにしておきましょう。

❹ 70から100までの整数の系列が理解できているかを見る問題です。声に出して数を数えながら線で結びましょう。

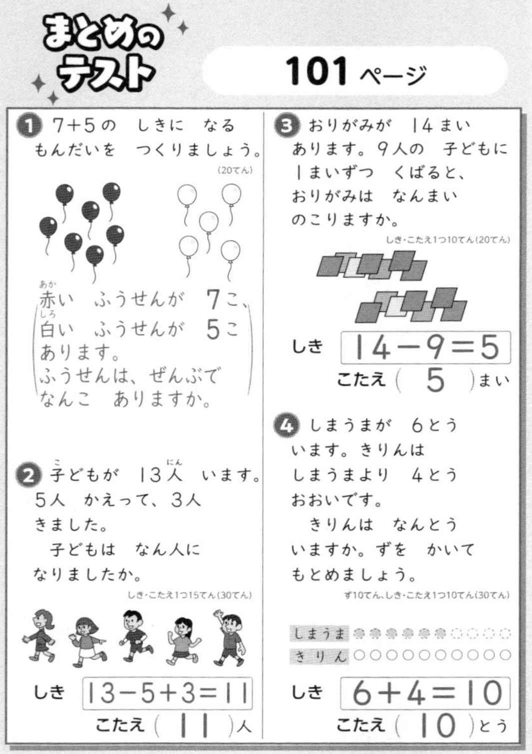
まとめのテスト
101 ページ
❶ 7+5の　しきに　なる
もんだいを　つくりましょう。(20てん)
赤《あか》い　ふうせんが　7こ、
白《しろ》い　ふうせんが　5こ
あります。
ふうせんは、ぜんぶで
なんこ　ありますか。
❷ 子《こ》どもが　13人《にん》　います。
5人　かえって、3人
きました。
子どもは　なん人に
なりましたか。
しき・こたえ1つ15てん(30てん)
しき 13−5+3=11
こたえ（ 11 ）人
❸ おりがみが　14まい
あります。9人の　子どもに
1まいずつ　くばると、
おりがみは　なんまい
のこりますか。
しき・こたえ1つ10てん(20てん)
しき 14−9=5
こたえ（ 5 ）まい
❹ しまうまが　6とう
います。きりんは
しまうまより　4とう
おおいです。
きりんは　なんとう
いますか。ずを　かいて
もとめましょう。
ず10てん、しき・こたえ1つ10てん(30てん)
しまうま
きりん
しき 6+4=10
こたえ（ 10 ）とう

❶ たし算の問題なので、「ぜんぶで」「あわせて」などの言葉を使うようにします。
「ふえるといくつ」の場面の解答例は、以下のようになります。
(例)　赤い　ふうせんを　7こ
もっていました。
白い　ふうせんを　5こ
もらいました。
ふうせんは　あわせて　なんこに
なりましたか。

❷ 5人帰ると減るからひき算、3人来ると増えるからたし算になります。
13−5=8、8+3=11と、式を2つに分けて書いてもよいでしょう。

❸ 配った折り紙は9枚になるので、残りは、14−9の式で求められます。
図をかくと次のようになります。

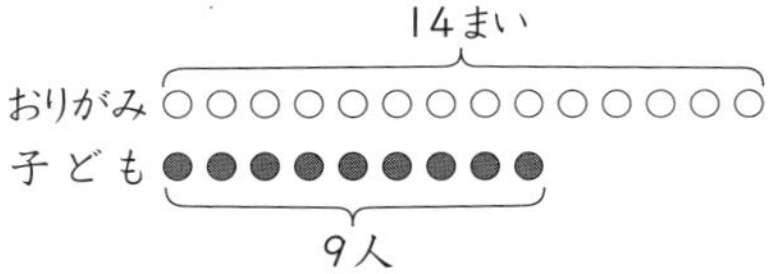
14まい
おりがみ
子ども
9人

❹ 図をかくと数量の関係がはっきりします。今のうちから図をかく習慣をつけておくとよいでしょう。
多い方を求めるから、式はたし算です。

まとめのテスト **102ページ**

❶ けいさんを　しましょう。 1つ5てん(30てん)

① 3+4=7
② 8+2=10
③ 0+5=5
④ 7−6=1
⑤ 10−3=7
⑥ 9−9=0

❷ けいさんを　しましょう。 1つ5てん(20てん)

① 10+3=13
② 10+8=18
③ 15−5=10
④ 17−7=10

❸ けいさんを　しましょう。 1つ5てん(30てん)

① 9+4=13
② 3+8=11
③ 7+6=13
④ 15−6=9
⑤ 11−7=4
⑥ 13−8=5

❹ けいさんを　しましょう。 1つ5てん(20てん)

① 10+30=40
② 2+24=26
③ 90−20=70
④ 35−3=32

❶ 10までの数のたし算、ひき算です。
基本の基本です。
指やブロックを使わなくても完全にできるように練習しましょう。

❷ 「10といくつ」をもとにしたたし算、ひき算です。「十いくつ」の数の仕組みを確かめておきましょう。

❸ ①～③くり上がりのあるたし算です。
たされる数で10をつくる方法と、たす数で10をつくる方法のどちらでも考えられるようにしておきます。

②3＋8のけいさん
・3で10をつくる
10をつくるには、3とあと7
8を7と1にわける
3に7をたして10
10と1で11
・8で10をつくる
10をつくるには、8とあと2
3を2と1にわける
8に2をたして10
10と1で11

④～⑥くり下がりのあるひき算です。ひかれる数を10といくつに分ける方法と、ひく数を分解して10をつくる方法のどちらでも考えられるようにしておきましょう。

⑥13－8のけいさん
・13を10と3にわける
10から8をひいて2
3と2をたして5
・8を3と5にわける
13から3をひいて10
10から5をひいて5

❹ 2けたの数のしくみを理解しているかがポイントになります。「10がいくつと1がいくつ」の構成がわかれば、十の位と一の位をたしたりするミスがなくなります。しっかり復習しておきましょう。

まとめのテスト **103ページ**

❶ ひもの　ながい　じゅんに　ならべましょう。 (20てん)

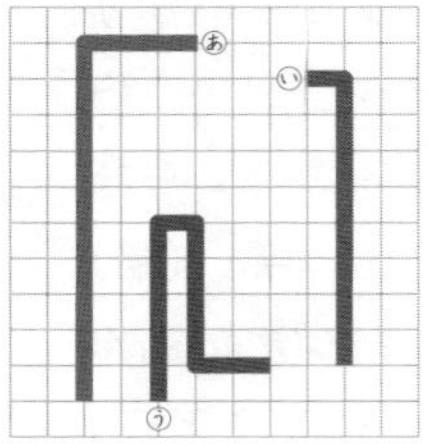

（ あ → う → い ）

❷ 水《みず》は、どちらが　どれだけ　おおく　入《はい》りますか。 1つ10てん(20てん)

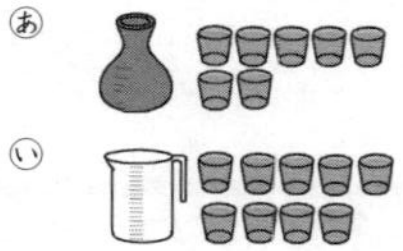

（ い ）の　ほうが　コップで（ 2 ）はいぶん　おおい。

❸ あの　いろいたが　なんまいで　できますか。 1つ15てん(30てん)

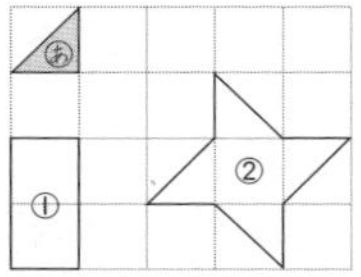

①（ 4 ）まい
②（ 6 ）まい

❹ なんじなんぷんですか。 1つ15てん(30てん)

①

（ 4 じ 40 ぷん）

②

（ 10 じ 23 ぷん）

❶ 方眼のますは正方形なので、縦も横も長さは同じです。したがって、折れ曲がった線でも、ますの辺の数を数えれば長さがわかります。あは、ます13個分、いは、ます9個分、うは、ます12個分の長さです。

❷ あはコップ7杯分、いはコップ9杯分です。
いが、9－7＝2（杯）分多く入ります。

❸ 色板の形に線を入れて数えましょう。
次のようになります。
①は4枚、②は6枚です。

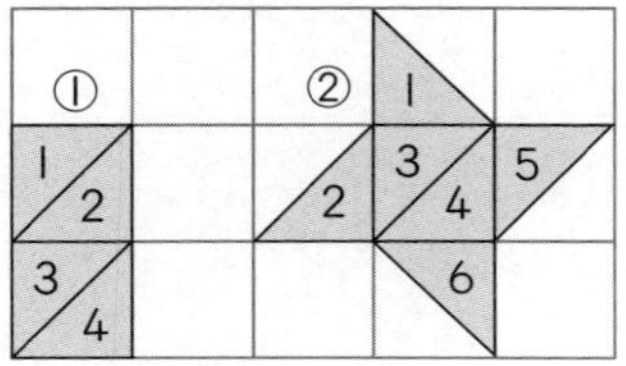

❹ 長針、短針の読み方を確認しましょう。
①4時8分、5時40分などのまちがいが見られます。まちがえた場合は、「なんじなんぷん」の単元に戻って、長針の読み方を復習しましょう。
②文字盤の「4」は20分、20分と3目もり（3分）で23分です。

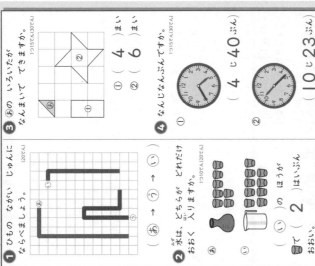

104ページ

下《した》の　めいれいカ《か》ード《ど》を　ならべて、めいれいの　とおりに　こまを　右《みぎ》の　シ《し》ート《と》の　上《うえ》で　うごかします。

シート

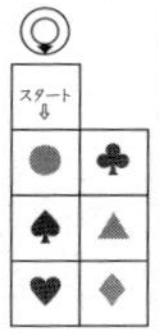

めいれいカード

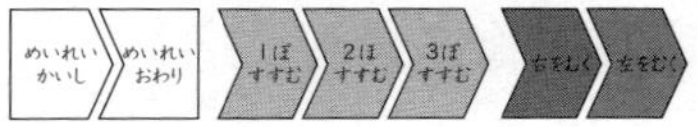

めいれいカードと　こまの　うごき

ス《す》タ《た》ート《と》から　▲マ《ま》ーク《く》に　こまを　うごかすときの　めいれいカードの　ならべかた

1 つぎの　めいれいを　したとき、こまは　どのマークの　上に　ありますか。

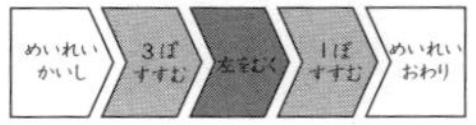

（　◆　）

1 こまは、次のような位置と向きでスタートします。

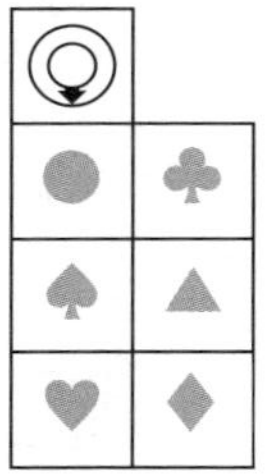

「3ぽすすむ」で、次のように♥のマークに動かします。

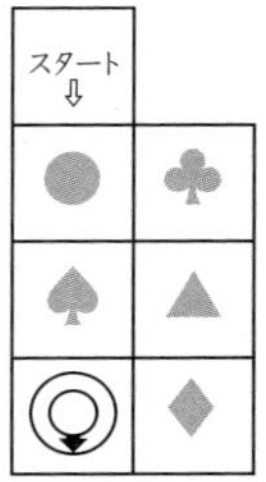

「左をむく」で、次のようにこまの向きを変えます。

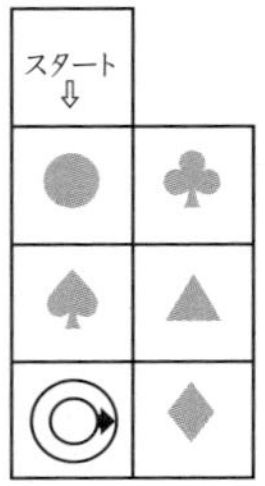

「1ぽすすむ」で、次のように◆マークに動かします。

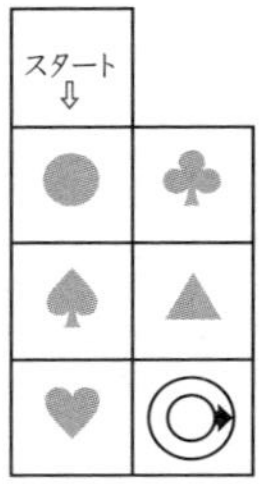

よって、こまは◆マークの上にあります。

なつのチャレンジテスト

きょうかしょ 上6〜69ページ

なまえ　　月　日

じかん 40ぷん　ごうかく80てん　／100

こたえ 32〜33ページ

知識・技能　／84てん

1 □に　かずを　かきましょう。　□1つ3てん(12てん)

① 0　1　2　3　4

② 10　9　8　7　6

2 2つの　かずに　わけます。
□に　かずを　かきましょう。　1つ3てん(12てん)

① 7 → 1　6

② 5 → 3　2

③ 9 → 6　3

④ 8 → 4　4

3 おおきい　ほうに　○を　つけましょう。　1つ3てん(6てん)

① 6 (○)　3 (　)

② 8 (　)　10 (○)

4 あわせて　10に　なるように、せんで　むすびましょう。　1つ3てん(15てん)

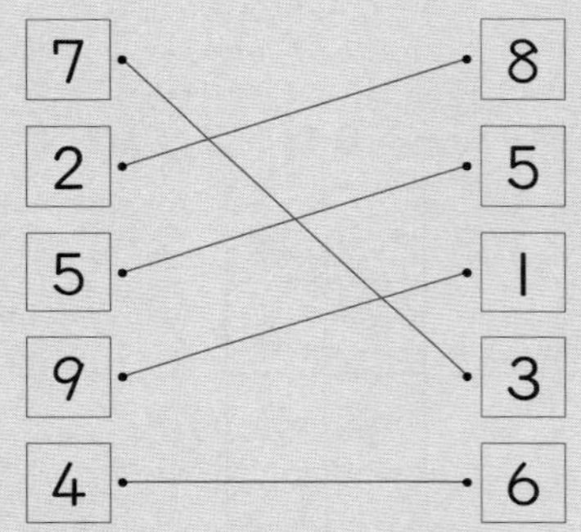

5 けいさんを　しましょう。　1つ3てん(15てん)

① 2+3= 5

② 4+5= 9

③ 3+7= 10

④ 8+0= 8

⑤ 0+0= 0

1 数がどのように並んでいるか、与えられた数字から考えられるようにします。

①3と4の並びから、小さい順に並んでいることがわかります。
1の左は、1より小さい数で0があてはまります。

②9と8の並びから、大きい順に並んでいることがわかります。
9の左は、9より大きい数で10があてはまります。

2 5、7、8、9の数の分解です。
おはじきやブロックを用意して、隠したり取り除いたりして数の分解を理解しましょう。

3 数字を順番に並べて書いてみましょう。右にある数の方が左にある数より大きくなります。

1　2　③　4　5　⑥　7　[8]　9　[10]
（③→⑥ おおきい、[8]→[10] おおきい）

おはじきなどを使って確認しましょう。

4 合わせて10になるのは、このほかに1と9、3と7、6と4、8と2があります。
10の合成は大切です。まちがえたところはしっかり復習しておきましょう。

5 答えが10までのたし算です。これからの計算の基本になります。確実にできるようにします。

④たす数が0のとき、答えはたされる数になります。
●+0=●

⑤0+0=0です。
理解しにくい場合は、
1+1=2　→　1+0=1　→
0+1=1　→　0+0=0
のように、順を追って説明しましょう。

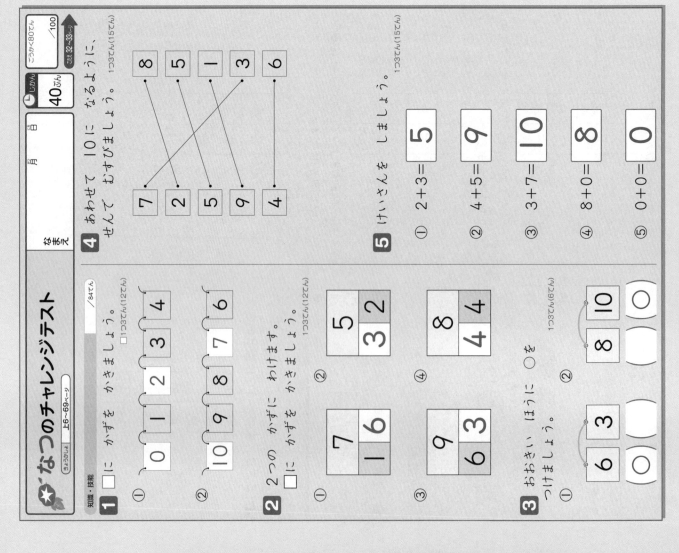

6 けいさんを　しましょう。　1つ3てん(15てん)

① 3−2= 1

② 8−4= 4

③ 10−5= 5

④ 10−10= 0

⑤ 6−0= 6

7 みぎの　かたちを　みて
こたえましょう。　1つ3てん(9てん)

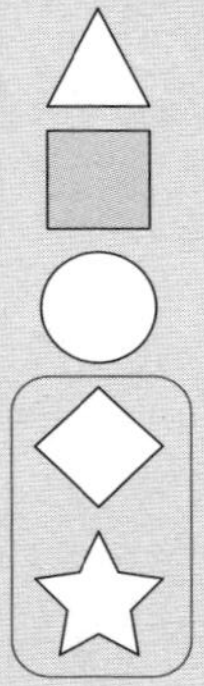

① うえから　2こめに
いろを　ぬりましょう。

② したから　2こを
○で　かこみましょう。

③ ◇は　なんばんめ
ですか。

（うえ）から

（4）ばんめ

思考・判断・表現　／16てん

8 あひるが　5わ　います。
3わ　くると、ぜんぶで　なんわに
なりますか。　しき・こたえ1つ3てん(6てん)

しき　5＋3＝8

こたえ（8）わ

9 いちごが　10こ　ありました。
4こ　たべました。
のこりは　なんこに　なりましたか。　しき・こたえ1つ3てん(6てん)

しき　10−4＝6

こたえ（6）こ

10 したの　ぶろっくの　うごきに
あわせて　もんだいを
つくりましょう。　(4てん)

もんだい

じてんしゃが　3だい
とまっています。
4だい　くると、ぜんぶで
なんだいに　なりますか。

6 10以下の数のひき算です。
5と同様に、これからの計算の基本です。ひき算が苦手にならないように、しっかり確実にできるようにします。
③ひかれる数が10のひき算は、特に重要です。ひく数をいろいろに変えて練習しましょう。
④ひかれる数とひく数が同じとき、答えは0になります。
●−●＝0
⑤ひく数が0のとき、答えはひかれる数になります。
●−0＝●

7 ①「うえ」と「した」を確認してから位置を特定します。順序を表す数の問題です。
②下から2つを○で囲みます。集まりを表す数の問題です。
③自分で基点を決めて位置を表す問題です。この問題では、基点は「うえ」か「した」のどちらかになります。基点によって位置を表す数が異なることを理解します。
「した」を起点にすると、
「したから2ばんめ」となります。
これも正解です。

8 「ふえるといくつ」の問題です。
式はたし算になります。

9 「のこりはいくつ」の問題です。
式はひき算になります。絵をかいて確認しましょう。

10 矢印の向きを見ると、ブロックが4個増えることを表しています。「ふえるといくつ」のたし算の問題をつくります。
「もんだい」の1行目から、ブロック1個は自転車1台を表していることがわかります。
「4だいくると」「4だいふえると」など、増加の意味になっていればよいです。

ふゆのチャレンジテスト

きょうかしょ 上72〜下39ページ

なまえ　月　日

じかん 40ぷん　ごうかく80てん　／100

こたえ 34〜35ページ

知識・技能　／85てん

1 なんびき　いますか。　(5てん)

(17)ひき

2 □に　かずを　かきましょう。　1つ4てん(12てん)

① 10と　8で　18。

② 15は　10と　5。

③ 10が　2こで　20。

3 □に　かずを　かきましょう。　□1つ4てん(16てん)

① 8　9　10　11　12

② 16　14　12　10　8

4 大《おお》きい　ほうに　○を　つけましょう。　1つ4てん(8てん)

① 9　13　(　)(○)

② 20　18　(○)(　)

5 けいさんを　しましょう。　1つ4てん(24てん)

① 12+4=16

② 6+5=11

③ 8+7=15

④ 19−6=13

⑤ 13−4=9

⑥ 11−5=6

1 10匹を囲んで、10といくつと数えます。
10匹を正確に囲みましょう。

2 「10いくつ」の数が、10のまとまりを1つの単位としていることが理解できればよいでしょう。

3 数の並びの決まりを見つけます。
①8から順に1ずつ大きい数が並んでいます。
②16から順に2ずつ小さい数が並んでいます。
数を小さくするのが苦手な場合は、数を書き終わったあと、小さい方から逆に見て、確かめをしてみましょう。

4 ①9は10より小さい数、13は10より大きい数です。よって、13の方が9より大きいです。
②18は20より小さい数です。
よって、20の方が18より大きいです。
どちらの問題も、「かずのせん」(数直線)をかいて確かめておきます。

5 ①くり上がりのない(十いくつ)+(いくつ)の計算は、10はそのままで、(いくつ)と(いくつ)をたします。ブロックなどで確かめておきましょう。位取りの考え方の基礎です。
②③くり上がりに注意します。
10をつくる考え方が説明できるようにしておきましょう。
④くり下がりのない(十いくつ)−(いくつ)の計算は、10はそのままで、(いくつ)から(いくつ)をひきます。
⑤⑥くり下がりに注意します。
どのように計算したか、説明できるようにしておきましょう。

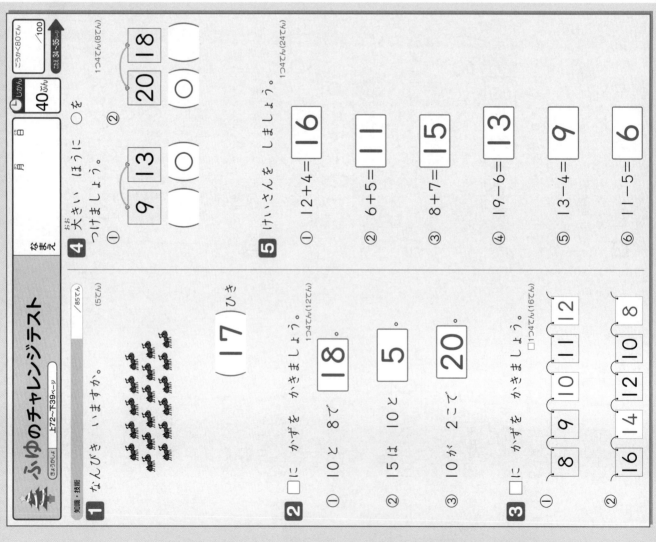

6 ながい　はりを　かきましょう。

1つ5てん(10てん)

① 8じ　　② 2じはん

7 じんとりゲ《げ》ーム《む》を　しました。
どちらが　ひろいですか。　(5てん)

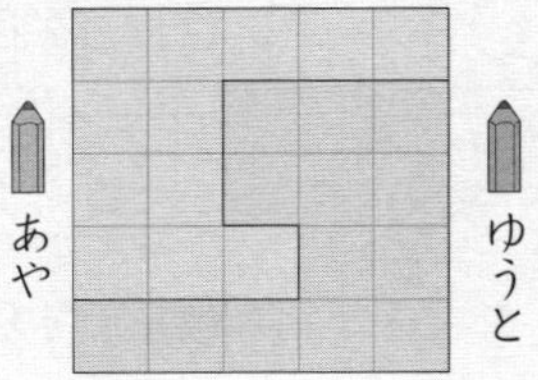

（ ゆうと ）さん

8 ながい　じゅんに　ならべましょう。

(5てん)

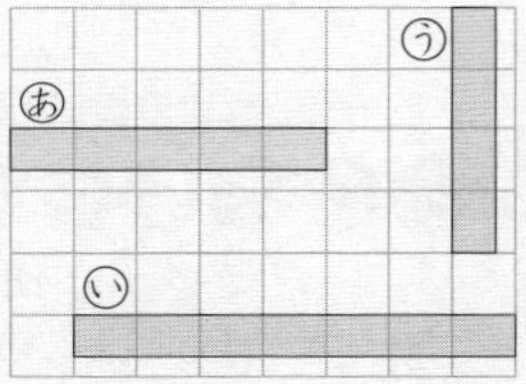

（ い → あ → う ）

思考・判断・表現　／15てん

9 みかんが　5こ　ありました。
5こ　もらいました。
そのあと　6こ　たべました。
みかんは　なんこに　なりましたか。

しき・こたえ1つ5てん(10てん)

しき　5+5−6=4

こたえ（ 4 ）こ

10 下《した》のように　2つの　なかまに
わけました。
どのように　かんがえて
わけましたか。　(5てん)

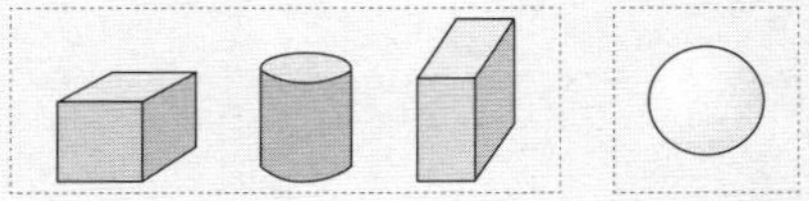

あ　たかく　つめる　かたちと、
つめない　かたち。

い　ころがる　かたちと、
ころがらない　かたち。

う　まるい　かたちと、
まるくない　かたち。

（ あ ）

6 ①「○時」のときの長針は、文字盤の「12」を指します。
②「○時半」のときの長針は、文字盤の「6」を指します。覚えましょう。

7 ますの数で比べます。
あやさんは12ます分、ゆうとさんは13ます分です。12と13では13の方が大きいです。数の大きいゆうとさんの方が広いです。

8 まず、方眼の1ますの縦と横の長さが同じことを確認します。1ますの縦と横の長さが同じなので、テープが縦置きでも横置きでも、ますの数で長さが比較できることを理解させます。
あは5ます分、いは7ます分、うは4ます分の長さです。数字を大きい順に並べると、7→5→4だから、長い順に、い→あ→うです。

9 もらうと増えるからたし算、食べると減るからひき算になります。
5+5=10、10−6=4と2つの式に分けてもかまいません。

10 分けた形について、その特徴を考えます。
「左の3つの形」
・さいころのかたち→たかくつめる、ころがらない、まるくない
・つつのかたち→たかくつめる、ころがる、まるい
・はこのかたち→たかくつめる、ころがらない、まるくない
「右の形」
・ボールのかたち→たかくつめない、ころがる、まるい
「左の3つの形」に共通しているのは高く積めることで、ボールの形は積めないことから、あのように仲間分けしたことがわかります。

はるのチャレンジテスト

きょうかしょ 下42～73ページ

なまえ　　月　日

じかん 40ぷん

ごうかく80てん　／100

こたえ 36～37ページ

知識・技能　／72てん

1 なん円《えん》ですか。（4てん）

（ 65 ）円

2 □に　かずを　かきましょう。□1つ4てん(16てん)

① 10が　9こと　1が　2こで 92。

② 85は、10が 8 こと、1が 5 こ。

③ 10が　10こで 100。

3 □に　かずを　かきましょう。□1つ4てん(16てん)

① 76　78　80　82　84

② 85　90　95　100　105

4 小《ちい》さい　じゅんに　ならべましょう。（4てん）

87　78　92

（78→87→92）

5 けいさんを　しましょう。1つ4てん(24てん)

① 20+50= 70

② 2+33= 35

③ 60+7= 67

④ 40−30= 10

⑤ 87−4= 83

⑥ 56−6= 50

1 10(円)が6こで60(円)、1(円)が5こで5(円)、60(円)と5(円)で65(円)
十進法の考え方を理解させます。

2 ①10が9こで90、1が2こで2、90と2で92。
②85は80と5。80は10が8こ、5は1が5こ。

3 数の並びの決まりを見つけます。
①80の次が82で2増えているから、2飛びに並んでいることがわかります。
76より2大きいのは78、82より2大きいのは84です。
②85の次が90で5増えているから、5飛びに並んでいることがわかります。
90より5大きいのは95、100より5大きいのは105です。
105を1005や150と書くまちがいに注意しましょう。

4 十の位の数字は、10がいくつあるかを表しています。したがって、2けたの数の大小は、はじめに十の位の数字を比べ、次に一の位の数字を比べることに気づかせます。

5 ①10のまとまりが何こあるかで考えます。

20 + 50 = 70
10が、2こ+5こ=7こ

②一の位どうしの数をたします。

2+33=35（2+3）

④　40 − 30 = 10
10が、4こ−3こ=1こ

⑤一の位どうしの数をひきます。

87−4=83（7−4）

6 なんじなんぷんですか。　1つ4てん(8てん)

①

(4)じ(45)ふん

②

(9)じ(12)ふん

思考・判断・表現　／28てん

7 うまが　7とう　います。
うしは、うまより　5とう　おおく　います。　①4てん ②しき・こたえ1つ2てん(8てん)

①　ずを　かきましょう。

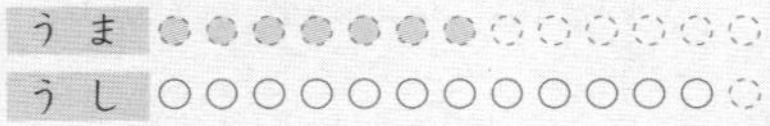

②　うしは　なんとう　いますか。

しき　7+5=12

こたえ (12)とう

8 12人《にん》が　1れつに　ならびました。
たかしさんは　まえから　6ばん目《め》です。
たかしさんの　うしろには　なん人　いますか。　しき・こたえ1つ4てん(8てん)

しき　12−6=6

こたえ (6)人

9 8人が　ふうせんを　1こずつ　もっています。
ふうせんは　あと　7こ　のこって　います。
ふうせんは　ぜんぶで　なんこ　ありますか。　しき・こたえ1つ4てん(8てん)

しき　8+7=15

こたえ (15)こ

10 1まいだけ　うごかして　つくりました。
どれを　うごかしましたか。　(4てん)

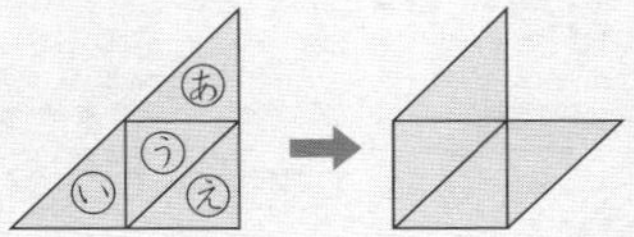

(い)

6 ①短針が文字盤の数字の間にあるときは、短針が通り過ぎた方の数字を読んで「○時～分」とします。
短針は「4」と「5」の間にあり、「4」を通り過ぎて「5」に向かっているから、「4時～分」となります。
長針で「分」を読みますが、文字盤の数字と「分」の関係「1」→5分、「2」→10分、…、「11」→55分を覚えましょう。
日ごろから、生活に関連付けて時計を読む練習を心がけましょう。

7 ①文章題を解くときに、図をかいて考える習慣をつけましょう。1年生での図は、個数を○で表します。馬と牛の○を縦にそろえてかくことで、多い少ないがとらえやすくなります。自分でもかくことができるように練習しましょう。
線分図は2年生以降で学習します。
②多い方を求めるので、式はたし算になります。

8 6番目は6人に置き換えられるので、後ろに並んでいる人数は、12−6の式で求められます。
○を使った図をかいて、確かめておきましょう。

9 8人が持っている風船の数は8個です。よって、風船の数は全部で8+7=15(個)となります。図は、次のようになります。

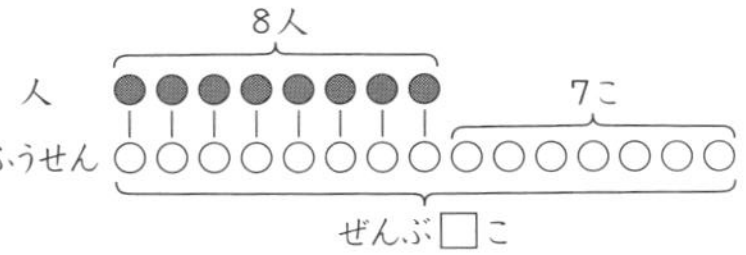

10 実際にやってみましょう。

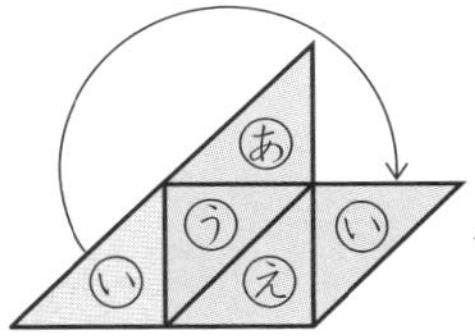

1年 さんすうのまとめ 学力しんだんテスト

なまえ　　月　　日

じかん 40ぷん　ごうかく80てん　／100

こたえ 38ページ

1 □に　かずを　かきましょう。　1つ2てん(4てん)

① 10が　3こと　1が　7こで　37

② 10が　10こで　100

2 □に　かずを　かきましょう。　□1つ3てん(12てん)

① 44 - 46 - 48 - 50 - 52

② 100 - 90 - 80 - 70 - 60

3 けいさんを　しましょう。1つ3てん(18てん)

① 8+6=14　② 14−9=5

③ 0−0=0　④ 30+40=70

⑤ 33+4=37　⑥ 29−7=22

4 11人《にん》で　キャンプに　いきました。その　うち　子《こ》どもは　7人です。おとなは　なん人ですか。1つ3てん(6てん)

しき　11−7=4

こたえ（4）人

5 なんじなんぷんですか。　(3てん)

（2じ45ふん）

6 あ～えの　中《なか》から　たかく　つめる　かたちを　すべて　こたえましょう。　(ぜんぶできて　3てん)

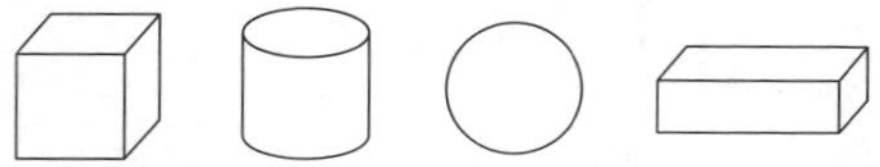

（あ、い、え）

7 下《した》の　かたちは、あの　いろいたが　なんまいで　できますか。　1つ3てん(6てん)

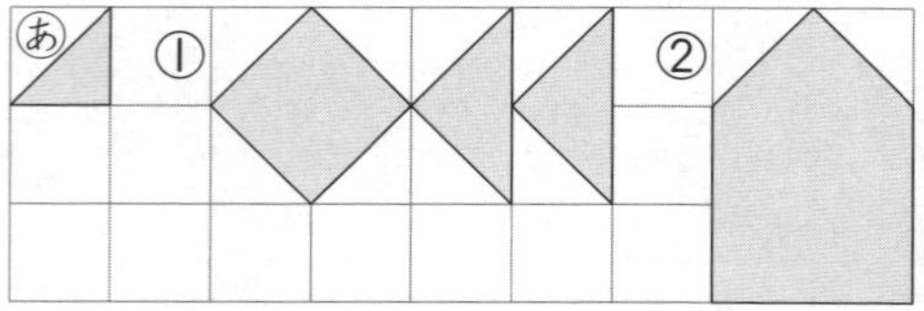

①（8）まい　②（10）まい

8 水《みず》の　かさを　くらべます。正《ただ》しい　くらべかたに　○を　つけましょう。　(4てん)

① 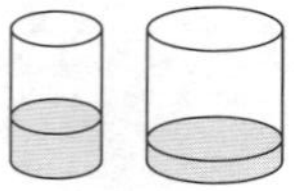　②

①（　）　②（○）

1 ①10が3個で30、30と7で37です。

②10が10個で100になります。

2 与えられた数の並びから、きまりをみつけ、あてはまる数を求めます。

①2ずつ大きくなっています。

②10ずつ小さくなっています。

3 ③もとの数に0をたしたり、もとの数から0をひいたりしても、答えはもとの数のままです。

④30は10が3個、40は10が4個だから、30+40は、10が(3+4)個で、70です。

4 あわせて11人いるから、おとなの人数は、全体の人数から子どもの人数をひけば求められます。

5 時計の表す時刻を読み取ります。短針で何時、長針で何分を読みます。「3じ45ふん」とする間違いがよくあります。短針が2と3の間にあることに注意しましょう。

6 あとえは、箱の形、いは筒の形で、重ねて積み上げることができます。答えの順序が違っていても正解です。

7 図に線をひいて考えます。四角1マス分の形は、あの色板2枚でつくることができます。

8 同じ大きさの容器を使うと、入った水の水面の高さで比べることができます。

9 どうぶつの　かずを　しらべて　せいりしました。

1つ4てん(8てん)

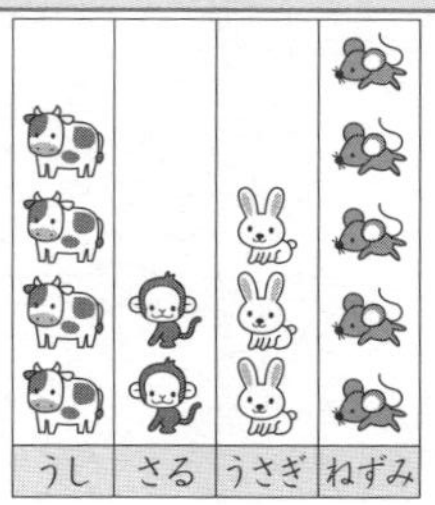

① いちばん　おおい　どうぶつは　なんですか。

（ ねずみ ）

② いちばん　おおい　どうぶつと　いちばん　すくない　どうぶつの　ちがいは　なんびきですか。

（ 3 ）びき

10 バスていで　バスを　まって　います。

1つ4てん(12てん)

① まって　いる　人《ひと》は　7人《にん》　いて、みなとさんの　まえには　4人　ならんで　います。みなとさんは　うしろから　なんばん目《め》ですか。

うしろから　[3]　ばん目

② バスが　きました。バスには　はじめ　3人　のって　いました。この　バスていで　まって　いる　人　みんなが　のり、つぎの　バスていで　5人が　おりました。バスには　いま　なん人　のって　いますか。

しき　[3＋7－5＝5]

こたえ（ 5 ）人

活用力をみる

11 かべに　えを　はって　います。□に　はいる　ことばを　かきましょう。

□1つ4てん(16てん)

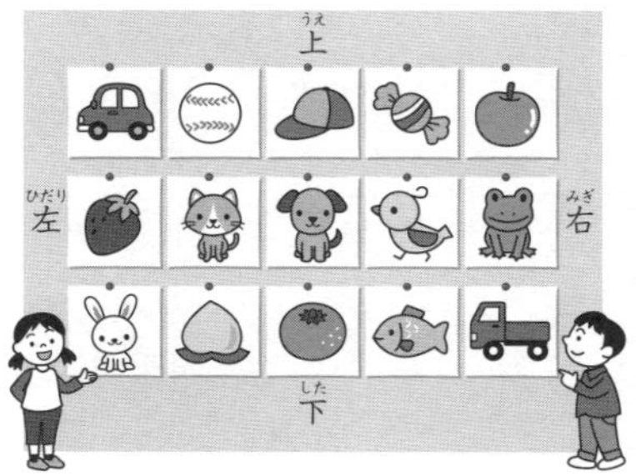

① さかなの　えは　みかんの　えの　[右]　に　あります。

② いちごの　えは　車《くるま》の　えの　[下]　に　あります。

③ 犬《いぬ》の　えは　(れい) [みかん]　の　えの　[上]　に　あります。

12 ゆいさんと　さくらさんは　じゃんけんで　かったら　□を　1つ　ぬる　ばしょとりあそびを　しました。どちらが　かちましたか。その　わけも　かきましょう。

1つ4てん(8てん)

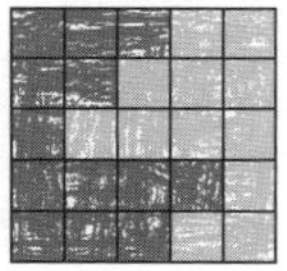

■…ゆいさん
■…さくらさん

かったのは（ さくら ）さん

わけ（(れい) さくらさんの　ほうが　ぬった　□の　かずが　おおいから。）

9 数がいちばん多いのはねずみで、いちばん少ないのはさるです。
絵グラフの高さから、いちばん多い動物、いちばん少ない動物を読み取ります。

10 ①みなとさんは前から5番目だから、みなとさんの後ろには2人並んでいます。
②3＋7＝10、10－5＝5と2つの式に分けていても正解です。

11 右、左、上、下を使って、ものの位置をことばで表します。
③犬の位置を表します。
「ぼうしのえの下」、「ねこのえの右」、「とりのえの左」と答えていても正解です。

12 わけは、さくらさんのほうが、塗った□の数が多い(塗った場所が広い)ことが書けていれば正解です。
ゆいさんが12個、さくらさんが13個□を塗っていると、具体的な説明がついていても正解です。

教科書ぴったりトレーニング さんすう1年 がんばり表

いつも見えるところに、この「がんばり表」をはっておこう。
この「ぴたトレ」をがくしゅうしたら、シールをはろう！
どこまでがんばったかわかるよ。

すきななまえをつけてね！

なまえ

ぴた犬（おとも犬）シールをはろう

シールの中からすきなぴた犬をえらぼう。

おうちのかたへ

がんばり表のデジタル版「デジタルがんばり表」では、デジタル端末でも学習の進捗記録をつけることができます。1冊やり終えると、抽選でプレゼントが当たります。「ぴたサポシステム」にご登録いただき、「デジタルがんばり表」をお使いください。LINE または PC・ブラウザを利用する方法があります。

LINE用　PC・ブラウザ用

★ぴたサポシステムご利用ガイドはこちら★
https://www.shinko-keirin.co.jp/shinko/news/pittari-support-system

スタート

1. 10までの　かず

8〜9ページ	6〜7ページ	4〜5ページ	2〜3ページ
ぴったり3	ぴったり1 2	ぴったり1 2	ぴったり1 2
できたらシールをはろう	できたらシールをはろう	できたらシールをはろう	できたらシールをはろう

2. いくつと　いくつ

14〜15ページ	12〜13ページ	10〜11ページ
ぴったり3	ぴったり1 2	ぴったり1 2
できたらシールをはろう	できたらシールをはろう	できたらシールをはろう

3. なんばんめかな

18〜19ページ	16〜17ページ
ぴったり3	ぴったり1 2
できたらシールをはろう	できたらシールをはろう

4. あわせて　いくつ　ふえると　いくつ

26〜27ページ	24〜25ページ	22〜23ページ	20〜21ページ
ぴったり3	ぴったり1 2	ぴったり1 2	ぴったり1 2
できたらシールをはろう	できたらシールをはろう	できたらシールをはろう	できたらシールをはろう

5. のこりは　いくつ　ちがいは　いくつ

30〜31ページ	28〜29ページ
ぴったり1 2	ぴったり1 2
できたらシールをはろう	できたらシールをはろう

32〜33ページ	34〜35ページ
ぴったり1 2	ぴったり3
できたらシールをはろう	できたらシールをはろう

6. いくつ　あるかな

36〜37ページ
ぴったり1 2
できたらシールをはろう

7. 10より　おおきい　かずを　かぞえよう

38〜39ページ	40〜41ページ	42〜43ページ
ぴったり1 2	ぴったり1 2	ぴったり3
できたらシールをはろう	できたらシールをはろう	できたらシールをはろう

8. なんじ　なんじはん

44〜45ページ
ぴったり1 2
できたらシールをはろう

9. かたちあそび

46〜47ページ	48〜49ページ
ぴったり1 2	ぴったり3
できたらシールをはろう	できたらシールをはろう

10. たしたり　ひいたり　してみよう

50〜51ページ	52〜53ページ
ぴったり1 2	ぴったり3
できたらシールをはろう	できたらシールをはろう

11. たしざん

54〜55ページ	56〜57ページ	58〜59ページ
ぴったり1 2	ぴったり1 2	ぴったり3
できたらシールをはろう	できたらシールをはろう	できたらシールをはろう

12. ひきざん

66〜67ページ	64〜65ページ	62〜63ページ	60〜61ページ
ぴったり3	ぴったり1 2	ぴったり1 2	ぴったり1 2
できたらシールをはろう	できたらシールをはろう	できたらシールをはろう	できたらシールをはろう

13. くらべてみよう

72〜73ページ	70〜71ページ	68〜69ページ
ぴったり3	ぴったり1 2	ぴったり1 2
できたらシールをはろう	できたらシールをはろう	できたらシールをはろう

14. かたちを　つくろう

76〜77ページ	74〜75ページ
ぴったり3	ぴったり1 2
できたらシールをはろう	できたらシールをはろう

15. 大きい　かずを　かぞえよう

86〜87ページ	84〜85ページ	82〜83ページ	80〜81ページ	78〜79ページ
ぴったり3	ぴったり1 2	ぴったり1 2	ぴったり1 2	ぴったり1 2
できたらシールをはろう	できたらシールをはろう	できたらシールをはろう	できたらシールをはろう	できたらシールをはろう

16. なんじなんぷん

88〜89ページ	90〜91ページ
ぴったり1 2	ぴったり3
できたらシールをはろう	できたらシールをはろう

17. たすのかな　ひくのかな　ずに　かいて　かんがえよう

92〜93ページ	94〜95ページ	96〜97ページ
ぴったり1 2	ぴったり1 2	ぴったり3
できたらシールをはろう	できたらシールをはろう	できたらシールをはろう

18. かずしらべ

98〜99ページ
ぴったり1 2
できたらシールをはろう

19. 1年の　まとめを　しよう

100〜103ページ
できたらシールをはろう

★プログラミングのプ

104ページ
プログラミング
できたらシールをはろう

ゴール

さいごまでがんばったキミは「ごほうびシール」をはろう！

ごほうびシールをはろう

（キリトリ線）

教科書ぴったりトレーニング　算数　1年　学校図書版　折込①（オモテ）

教科書ぴったりトレーニングの使い方

『ぴたトレ』は教科書にぴったり合わせて使うことができるよ。教科書も見ながら、勉強していこうね。ぴた犬たちが勉強をサポートするよ。

ふだんの学習《がくしゅう》

ぴったり1 じゅんび

教科書《きょうかしょ》の　だいじな　ところを　まとめて　いくよ。
ねらい　で　だいじな　ポイントが　わかるよ。
もんだいに　こたえながら、わかって　いるか　かくにんしよう。　QR コードから「3 分でまとめ動画」が視聴できます。

※QR コードは株式会社デンソーウェーブの登録商標です。

↓

ぴったり2 れんしゅう

「ぴったり1」で　べんきょう　した　ことが　みについて　いるかな？かくにんしながら、もんだいに　とりくもう。

★できた　もんだいには、「た」を　かこう！★

1 でき　2 でき　3 でき　4 でき

↓

ぴったり3 たしかめのテスト

「ぴったり1」「ぴったり2」が　おわったら、とりくんで　みよう。学校《がっこう》の　テストの　前《まえ》に　やっても　いいね。
わからない　もんだいは、ふりかえり　を　見《み》て　前に　もどって　かくにんしよう。

↓

実力《じつりょく》チェック

- なつのチャレンジテスト
- ふゆのチャレンジテスト
- はるのチャレンジテスト
- 1年 さんすうのまとめ　学力しんだんテスト

夏《なつ》休《やす》み、冬《ふゆ》休み、春《はる》休みの　前に　つかいましょう。
学期《がっき》の　おわりや　学年《がくねん》の　おわりの　テストの　前に　やっても　いいね。

別冊《べっさつ》

まるつけ ラクラクかいとう

もんだいと　同《おな》じ　ところに　赤字《あかじ》で　「答《こた》え」が　書《か》いて　あるよ。もんだいの　答え合《あ》わせを　して　みよう。まちがえた　もんだいは、下《した》の　てびきを　読《よ》んで、もういちど　見直《なお》そう。

おうちのかたへ

本書『教科書ぴったりトレーニング』は、教科書の要点や重要事項をつかむ「ぴったり１ じゅんび」、おさらいをしながら問題に慣れる「ぴったり２ れんしゅう」、テスト形式で学習事項が定着したか確認する「ぴったり３ たしかめのテスト」の３段階構成になっています。教科書の学習順序やねらいに完全対応していますので、日々の学習（トレーニング）にぴったりです。

「観点別学習状況の評価」について

学校の通知表は、「知識・技能」「思考・判断・表現」「主体的に学習に取り組む態度」の３つの観点による評価がもとになっています。

問題集やドリルでは、一般に知識・技能を問う問題が中心になりますが、本書『教科書ぴったりトレーニング』では、次のように、観点別学習状況の評価に基づく問題を取り入れて、成績アップに結びつくことをねらいました。

ぴったり３ たしかめのテスト　**チャレンジテスト**

- 「知識・技能」を問う問題か、「思考・判断・表現」を問う問題かで、それぞれに分類して出題しています。
- 「知識・技能」では、主に基礎・基本の問題を、「思考・判断・表現」では、主に活用問題を取り扱っています。

発展について

はってん … 学習指導要領では示されていない「発展的な学習内容」を扱っています。

別冊『まるつけラクラクかいとう』について

おうちのかたへ　では、次のようなものを示しています。

- 学習のねらいやポイント
- 他の学年や他の単元の学習内容とのつながり
- まちがいやすいことやつまずきやすいところ

お子様への説明や、学習内容の把握などにご活用ください。

（キリトリ線）
教科書ぴったりトレーニング　算数　1年　学校図書版　折込①（ウラ）

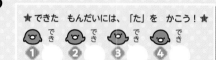

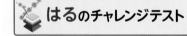

ふろく　とりはずしておつかいください。

けいさん せんもんドリル

1年

1年　　くみ

特色《とくしょく》と使《つか》い方《かた》

- このドリルは、計算力《けいさんりょく》を付《つ》けるための計算問題《もんだい》をせんもんにあつかったドリルです。
- 教科書《きょうかしょ》ぴったりトレーニングに、このドリルの何《なん》ページをすればよいのかが書《か》いてあります。教科書ぴったりトレーニングにあわせてお使《つか》いください。

もくじ

おうちのかたへ

- お子さまがお使いの教科書や学校の学習状況により、ドリルのページが前後したり、学習されていない問題が含まれている場合がございます。お子さまの学習状況に応じてお使いください。
- お子さまがお使いの教科書により、教科書ぴったりトレーニングと対応していないページがある場合がございますが、お子さまの興味・関心に応じてお使いください。

1 10までの　たしざん①

★できた　もんだいには、「た」を　かこう！

1 でき た　2 でき

1 けいさんを　しましょう。

月　日

① 1+2=□　② 2+6=□

③ 7+3=□　④ 5+5=□

⑤ 4+1=□　⑥ 3+5=□

⑦ 2+3=□　⑧ 1+7=□

⑨ 4+6=□　⑩ 8+1=□

2 けいさんを　しましょう。

月　日

① 5+2=□　② 1+3=□

③ 2+8=□　④ 6+3=□

⑤ 1+5=□　⑥ 4+4=□

⑦ 3+3=□　⑧ 6+1=□

⑨ 4+2=□　⑩ 3+7=□

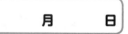

2 10までの　たしざん②

★できた　もんだいには、「た」を　かこう！

1 でき　2 でき

1 けいさんを　しましょう。

月　　日

① 7+1=□　　② 3+6=□

③ 2+5=□　　④ 8+2=□

⑤ 1+1=□　　⑥ 5+4=□

⑦ 2+2=□　　⑧ 4+3=□

⑨ 1+9=□　　⑩ 6+2=□

2 けいさんを　しましょう。

月　　日

① 3+1=□　　② 6+4=□

③ 7+2=□　　④ 2+1=□

⑤ 5+3=□　　⑥ 1+6=□

⑦ 2+4=□　　⑧ 5+1=□

⑨ 1+8=□　　⑩ 3+2=□

3 10までの　たしざん③

★できた　もんだいには、「た」を　かこう！

でき 1　でき 2

1 けいさんを　しましょう。

月　　日

① $4+1=$

② $3+7=$

③ $6+3=$

④ $8+1=$

⑤ $1+5=$

⑥ $4+6=$

⑦ $4+4=$

⑧ $5+2=$

⑨ $1+2=$

⑩ $2+8=$

2 けいさんを　しましょう。

月　　日

① $4+2=$

② $3+4=$

③ $5+5=$

④ $1+7=$

⑤ $6+1=$

⑥ $2+7=$

⑦ $9+1=$

⑧ $2+3=$

⑨ $4+5=$

⑩ $1+3=$

4 10までの　たしざん④

★できた　もんだいには、「た」を　かこう！

1 でき　2 でき

1 けいさんを　しましょう。

月　　日

① 3+3=□　　② 1+9=□

③ 2+6=□　　④ 5+4=□

⑤ 7+3=□　　⑥ 4+1=□

⑦ 3+5=□　　⑧ 1+1=□

⑨ 7+1=□　　⑩ 6+4=□

2 けいさんを　しましょう。

月　　日

① 1+6=□　　② 8+2=□

③ 4+3=□　　④ 1+8=□

⑤ 2+2=□　　⑥ 3+1=□

⑦ 5+5=□　　⑧ 7+2=□

⑨ 2+4=□　　⑩ 3+6=□

5 10までの　ひきざん①

★できた　もんだいには、「た」を　かこう！

1 でき　2 でき

1 けいさんを　しましょう。

月　　日

① 8−5=　② 10−3=

③ 6−1=　④ 8−6=

⑤ 10−2=　⑥ 7−5=

⑦ 9−6=　⑧ 5−2=

⑨ 4−3=　⑩ 6−4=

2 けいさんを　しましょう。

月　　日

① 5−4=　② 10−7=

③ 3−1=　④ 7−6=

⑤ 8−4=　⑥ 6−3=

⑦ 9−8=　⑧ 8−1=

⑨ 10−5=　⑩ 8−3=

6 10までの　ひきざん②

★できた　もんだいには、「た」を　かこう！

1 でき　2 でき

1 けいさんを　しましょう。

月　　日

① 8−2＝

② 8−7＝

③ 10−9＝

④ 9−4＝

⑤ 6−2＝

⑥ 3−2＝

⑦ 7−3＝

⑧ 10−1＝

⑨ 4−2＝

⑩ 2−1＝

2 けいさんを　しましょう。

月　　日

① 9−7＝

② 7−1＝

③ 5−3＝

④ 10−6＝

⑤ 9−1＝

⑥ 9−5＝

⑦ 4−1＝

⑧ 7−4＝

⑨ 10−8＝

⑩ 9−3＝

7 10までの　ひきざん③

★できた　もんだいには、「た」を　かこう！

でき 1　でき 2

1 けいさんを　しましょう。

月　　日

① $7-2=$ □　　② $4-1=$ □

③ $8-5=$ □　　④ $3-2=$ □

⑤ $6-1=$ □　　⑥ $8-4=$ □

⑦ $10-4=$ □　　⑧ $5-3=$ □

⑨ $8-6=$ □　　⑩ $9-6=$ □

2 けいさんを　しましょう。

月　　日

① $5-4=$ □　　② $3-1=$ □

③ $6-4=$ □　　④ $10-2=$ □

⑤ $5-2=$ □　　⑥ $6-5=$ □

⑦ $10-3=$ □　　⑧ $8-1=$ □

⑨ $9-8=$ □　　⑩ $7-5=$ □

8 10までの　ひきざん④

★できた　もんだいには、「た」を　かこう！

1 でき　2 でき

1 けいさんを　しましょう。

月　　日

① 10－5＝　　② 4－2＝

③ 5－1＝　　④ 10－8＝

⑤ 8－7＝　　⑥ 6－3＝

⑦ 8－3＝　　⑧ 10－7＝

⑨ 7－3＝　　⑩ 8－2＝

2 けいさんを　しましょう。

月　　日

① 6－2＝　　② 9－7＝

③ 4－3＝　　④ 9－2＝

⑤ 7－1＝　　⑥ 9－4＝

⑦ 2－1＝　　⑧ 7－6＝

⑨ 9－5＝　　⑩ 10－1＝

9 0の　たしざんと　ひきざん

★できた　もんだいには、「た」を　かこう！

1 でき　2 でき

1 けいさんを　しましょう。

月　　日

① 4＋0＝□　　② 8＋0＝□

③ 1＋0＝□　　④ 3＋0＝□

⑤ 9＋0＝□　　⑥ 0＋7＝□

⑦ 0＋2＝□　　⑧ 0＋5＝□

⑨ 0＋6＝□　　⑩ 0＋0＝□

2 けいさんを　しましょう。

月　　日

① 2－2＝□　　② 9－9＝□

③ 5－5＝□　　④ 7－7＝□

⑤ 6－6＝□　　⑥ 4－0＝□

⑦ 1－0＝□　　⑧ 8－0＝□

⑨ 3－0＝□　　⑩ 0－0＝□

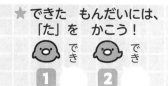

10 たしざんと　ひきざん①

★できた　もんだいには、「た」を　かこう！

1 でき　2 でき

1 けいさんを　しましょう。

月　　日

① 10＋5＝□　　② 10＋2＝□

③ 10＋8＝□　　④ 10＋3＝□

⑤ 10＋7＝□　　⑥ 11－1＝□

⑦ 16－6＝□　　⑧ 14－4＝□

⑨ 17－7＝□　　⑩ 15－5＝□

2 けいさんを　しましょう。

月　　日

① 14＋1＝□　　② 17＋2＝□

③ 12＋5＝□　　④ 11＋7＝□

⑤ 13＋6＝□　　⑥ 14－2＝□

⑦ 17－3＝□　　⑧ 15－4＝□

⑨ 16－5＝□　　⑩ 18－3＝□

11 たしざんと　ひきざん②

★できた　もんだいには、「た」を　かこう！

1 でき　2 でき

1 けいさんを　しましょう。

月　　日

① 10＋4＝□　　② 10＋6＝□

③ 10＋1＝□　　④ 10＋7＝□

⑤ 10＋9＝□　　⑥ 13－3＝□

⑦ 18－8＝□　　⑧ 19－9＝□

⑨ 12－2＝□　　⑩ 16－6＝□

2 けいさんを　しましょう。

月　　日

① 15＋2＝□　　② 13＋4＝□

③ 16＋3＝□　　④ 18＋1＝□

⑤ 12＋3＝□　　⑥ 12－1＝□

⑦ 15－2＝□　　⑧ 18－4＝□

⑨ 13－2＝□　　⑩ 17－6＝□

12 3つの かずの けいさん①

★できた もんだいには、「た」を かこう！

1 でき　2 でき

1 けいさんを しましょう。

月　日

① $5+1+2=\square$　② $2+2+3=\square$

③ $1+6+1=\square$　④ $7+3+4=\square$

⑤ $2+8+6=\square$　⑥ $7-2-1=\square$

⑦ $9-5-2=\square$　⑧ $10-6-2=\square$

⑨ $18-8-4=\square$　⑩ $12-2-3=\square$

2 けいさんを しましょう。

月　日

① $9-8+5=\square$　② $8-4+2=\square$

③ $10-7+6=\square$　④ $14-4+2=\square$

⑤ $16-3+4=\square$　⑥ $4+3-5=\square$

⑦ $8+1-6=\square$　⑧ $5+5-8=\square$

⑨ $10+9-6=\square$　⑩ $13+2-4=\square$

13 ３つの　かずの　けいさん②

★できた　もんだいには、「た」を　かこう！

1 でき　2 でき

1 けいさんを　しましょう。　　月　　日

① $4+1+4=$

② $2+3+3=$

③ $5+5+5=$

④ $4+6+3=$

⑤ $9+1+7=$

⑥ $8-3-3=$

⑦ $9-4-1=$

⑧ $10-5-2=$

⑨ $16-6-5=$

⑩ $17-7-6=$

2 けいさんを　しましょう。　　月　　日

① $7-2+4=$

② $4-1+4=$

③ $10-5+4=$

④ $12-2+9=$

⑤ $18-5+3=$

⑥ $3+6-7=$

⑦ $2+4-3=$

⑧ $1+9-3=$

⑨ $10+7-4=$

⑩ $12+7-6=$

14 3つの　かずの　けいさん③

★できた　もんだいには、「た」を　かこう！

1 でき　2 でき

1 けいさんを　しましょう。　　月　日

① $4+2+2=\square$　　② $1+1+7=\square$

③ $3+7+9=\square$　　④ $8+2+9=\square$

⑤ $5+5+2=\square$　　⑥ $6-2-3=\square$

⑦ $7-4-2=\square$　　⑧ $10-3-5=\square$

⑨ $15-5-1=\square$　　⑩ $19-5-4=\square$

2 けいさんを　しましょう。　　月　日

① $9-6+5=\square$　　② $6-2+1=\square$

③ $10-6+4=\square$　　④ $14-4+5=\square$

⑤ $17-6+1=\square$　　⑥ $4+4-6=\square$

⑦ $6+2-1=\square$　　⑧ $7+3-2=\square$

⑨ $10+4-1=\square$　　⑩ $14+3-5=\square$

15 くりあがりの　ある　たしざん①

★できた　もんだいには、「た」を　かこう！

でき 1　でき 2

1 けいさんを　しましょう。

月　日

① 9＋5＝□　② 6＋5＝□

③ 8＋7＝□　④ 7＋4＝□

⑤ 9＋8＝□　⑥ 3＋9＝□

⑦ 7＋7＝□　⑧ 5＋8＝□

⑨ 9＋3＝□　⑩ 6＋9＝□

2 けいさんを　しましょう。

月　日

① 5＋6＝□　② 8＋6＝□

③ 9＋7＝□　④ 3＋8＝□

⑤ 8＋5＝□　⑥ 9＋2＝□

⑦ 4＋9＝□　⑧ 7＋6＝□

⑨ 8＋9＝□　⑩ 5＋7＝□

16 くりあがりの　ある たしざん②

★できた　もんだいには、「た」を　かこう！

でき 1　でき 2

1 けいさんを　しましょう。　　月　　日

① $9+4=$ □　　② $7+9=$ □

③ $4+7=$ □　　④ $6+8=$ □

⑤ $8+8=$ □　　⑥ $7+5=$ □

⑦ $8+4=$ □　　⑧ $2+9=$ □

⑨ $9+6=$ □　　⑩ $6+7=$ □

2 けいさんを　しましょう。　　月　　日

① $7+8=$ □　　② $9+3=$ □

③ $4+8=$ □　　④ $9+5=$ □

⑤ $6+6=$ □　　⑥ $5+8=$ □

⑦ $8+7=$ □　　⑧ $3+8=$ □

⑨ $7+7=$ □　　⑩ $8+9=$ □

17 くりあがりの　ある たしざん③

★できた　もんだいには、「た」を　かこう！

1 でき　2 でき

1 けいさんを　しましょう。

月　　日

① 8＋4＝□　　② 5＋7＝□

③ 3＋9＝□　　④ 9＋8＝□

⑤ 7＋6＝□　　⑥ 6＋9＝□

⑦ 9＋9＝□　　⑧ 5＋6＝□

⑨ 9＋4＝□　　⑩ 7＋8＝□

2 けいさんを　しましょう。

月　　日

① 2＋9＝□　　② 7＋5＝□

③ 6＋7＝□　　④ 4＋9＝□

⑤ 8＋6＝□　　⑥ 5＋9＝□

⑦ 8＋3＝□　　⑧ 9＋6＝□

⑨ 8＋8＝□　　⑩ 9＋2＝□

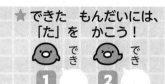

18 くりあがりの　ある たしざん④

★できた　もんだいには、「た」を　かこう！

1 でき　2 でき

1 けいさんを　しましょう。　　月　　日

① 8＋3＝　　② 6＋6＝

③ 8＋7＝　　④ 7＋5＝

⑤ 9＋6＝　　⑥ 8＋9＝

⑦ 9＋7＝　　⑧ 3＋9＝

⑨ 9＋4＝　　⑩ 6＋8＝

2 けいさんを　しましょう。　　月　　日

① 5＋9＝　　② 4＋7＝

③ 7＋9＝　　④ 8＋5＝

⑤ 9＋3＝　　⑥ 5＋6＝

⑦ 8＋8＝　　⑧ 2＋9＝

⑨ 6＋7＝　　⑩ 7＋8＝

19 くりあがりの　ある　たしざん⑤

★できた　もんだいには、「た」を　かこう！

1 でき　2 でき

1　けいさんを　しましょう。

月　日

①　9＋9＝□　②　5＋7＝□

③　8＋6＝□　④　3＋8＝□

⑤　6＋5＝□　⑥　7＋6＝□

⑦　9＋8＝□　⑧　4＋8＝□

⑨　7＋4＝□　⑩　5＋9＝□

2　けいさんを　しましょう。

月　日

①　9＋6＝□　②　7＋8＝□

③　3＋9＝□　④　9＋4＝□

⑤　5＋8＝□　⑥　7＋9＝□

⑦　6＋7＝□　⑧　9＋5＝□

⑨　8＋9＝□　⑩　5＋6＝□

20 くりあがりの　ある たしざん⑥

★できた　もんだいには、「た」を　かこう！

1 でき　2 でき

1 けいさんを　しましょう。

月　　日

① 8＋5＝□　　② 7＋4＝□

③ 6＋6＝□　　④ 3＋8＝□

⑤ 7＋6＝□　　⑥ 9＋7＝□

⑦ 6＋9＝□　　⑧ 4＋8＝□

⑨ 7＋5＝□　　⑩ 8＋7＝□

2 けいさんを　しましょう。

月　　日

① 6＋8＝□　　② 9＋9＝□

③ 8＋4＝□　　④ 4＋9＝□

⑤ 9＋3＝□　　⑥ 6＋5＝□

⑦ 7＋7＝□　　⑧ 9＋2＝□

⑨ 8＋3＝□　　⑩ 4＋7＝□

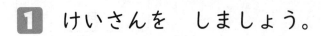

21 くりあがりの　ある たしざん⑦

★できた　もんだいには、「た」を　かこう！

1 でき　2 でき

1　けいさんを　しましょう。

　月　日

① 4＋7＝□　② 9＋9＝□

③ 7＋7＝□　④ 9＋2＝□

⑤ 8＋3＝□　⑥ 4＋9＝□

⑦ 6＋8＝□　⑧ 7＋4＝□

⑨ 8＋8＝□　⑩ 5＋9＝□

2　けいさんを　しましょう。

　月　日

① 6＋5＝□　② 8＋5＝□

③ 2＋9＝□　④ 9＋8＝□

⑤ 6＋9＝□　⑥ 4＋8＝□

⑦ 7＋9＝□　⑧ 5＋7＝□

⑨ 6＋6＝□　⑩ 9＋5＝□

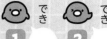

22 くりさがりの　ある　ひきざん①

★できた　もんだいには、「た」を　かこう！

1 でき　2 でき

1 けいさんを　しましょう。

月　日

① 15−8=□　② 11−3=□

③ 13−5=□　④ 12−6=□

⑤ 15−7=□　⑥ 12−4=□

⑦ 13−8=□　⑧ 16−8=□

⑨ 11−4=□　⑩ 12−8=□

2 けいさんを　しましょう。

月　日

① 17−8=□　② 14−9=□

③ 11−7=□　④ 12−9=□

⑤ 13−6=□　⑥ 11−2=□

⑦ 15−9=□　⑧ 12−7=□

⑨ 14−6=□　⑩ 16−7=□

23 くりさがりの　ある　ひきざん②

★できた　もんだいには、「た」を　かこう！

1 でき　2 でき

1　けいさんを　しましょう。　　月　　日

① 15－7＝□　　② 11－2＝□

③ 13－9＝□　　④ 14－6＝□

⑤ 11－4＝□　　⑥ 13－8＝□

⑦ 12－3＝□　　⑧ 13－4＝□

⑨ 15－9＝□　　⑩ 14－7＝□

2　けいさんを　しましょう。　　月　　日

① 12－6＝□　　② 13－5＝□

③ 11－8＝□　　④ 16－7＝□

⑤ 14－5＝□　　⑥ 16－9＝□

⑦ 12－7＝□　　⑧ 17－8＝□

⑨ 15－8＝□　　⑩ 12－9＝□

24 くりさがりの　ある　ひきざん③

★できた　もんだいには、「た」を　かこう！

1 でき　2 でき

1　けいさんを　しましょう。　　月　　日

① $11-4=\square$　　② $12-5=\square$

③ $16-9=\square$　　④ $15-8=\square$

⑤ $12-8=\square$　　⑥ $11-6=\square$

⑦ $12-4=\square$　　⑧ $17-9=\square$

⑨ $12-6=\square$　　⑩ $14-7=\square$

2　けいさんを　しましょう。　　月　　日

① $11-8=\square$　　② $12-9=\square$

③ $14-6=\square$　　④ $18-9=\square$

⑤ $11-3=\square$　　⑥ $14-8=\square$

⑦ $15-6=\square$　　⑧ $13-7=\square$

⑨ $13-4=\square$　　⑩ $11-7=\square$

25 くりさがりの　ある ひきざん④

★できた　もんだいには、「た」を　かこう！

1 でき　2 でき

1 けいさんを　しましょう。

月　日

① 16−8=

② 11−9=

③ 11−6=

④ 15−9=

⑤ 12−3=

⑥ 11−8=

⑦ 14−5=

⑧ 14−6=

⑨ 13−9=

⑩ 15−7=

2 けいさんを　しましょう。

月　日

① 12−7=

② 13−6=

③ 11−4=

④ 14−8=

⑤ 13−4=

⑥ 11−2=

⑦ 18−9=

⑧ 11−5=

⑨ 16−7=

⑩ 12−8=

26 くりさがりの　ある　ひきざん⑤

★できた　もんだいには、「た」を　かこう！

1 でき　2 でき

1　けいさんを　しましょう。　　月　　日

① 18－9＝□　　② 12－5＝□

③ 17－8＝□　　④ 12－6＝□

⑤ 13－7＝□　　⑥ 16－9＝□

⑦ 11－3＝□　　⑧ 13－8＝□

⑨ 15－6＝□　　⑩ 14－8＝□

2　けいさんを　しましょう。　　月　　日

① 13－5＝□　　② 12－9＝□

③ 14－7＝□　　④ 11－7＝□

⑤ 17－9＝□　　⑥ 12－4＝□

⑦ 11－5＝□　　⑧ 15－8＝□

⑨ 14－9＝□　　⑩ 11－6＝□

27 くりさがりの　ある　ひきざん⑥

★できた　もんだいには、「た」を　かこう！

でき 1　でき 2

1 けいさんを　しましょう。

月　日

① 14－9＝　　② 11－5＝

③ 13－6＝　　④ 16－7＝

⑤ 11－6＝　　⑥ 13－9＝

⑦ 12－3＝　　⑧ 16－8＝

⑨ 15－7＝　　⑩ 14－5＝

2 けいさんを　しましょう。

月　日

① 12－4＝　　② 11－7＝

③ 13－7＝　　④ 17－9＝

⑤ 14－8＝　　⑥ 13－5＝

⑦ 11－9＝　　⑧ 12－5＝

⑨ 15－6＝　　⑩ 12－8＝

28 くりさがりの　ある　ひきざん⑦

★できた　もんだいには、「た」を　かこう！

1 でき　2 でき

1 けいさんを　しましょう。　　月　　日

① 11－5＝□　　② 16－8＝□

③ 13－6＝□　　④ 15－9＝□

⑤ 12－3＝□　　⑥ 14－5＝□

⑦ 17－9＝□　　⑧ 11－8＝□

⑨ 12－7＝□　　⑩ 18－9＝□

2 けいさんを　しましょう。　　月　　日

① 13－9＝□　　② 15－6＝□

③ 11－3＝□　　④ 12－5＝□

⑤ 14－7＝□　　⑥ 13－8＝□

⑦ 11－9＝□　　⑧ 16－9＝□

⑨ 13－4＝□　　⑩ 17－8＝□

29 なんじゅうの　けいさん

★できた　もんだいには、「た」を　かこう！

1 でき　2 でき

1 けいさんを　しましょう。

月　日

① 50＋20＝

② 10＋70＝

③ 60＋40＝

④ 30＋30＝

⑤ 80＋10＝

⑥ 20＋60＝

⑦ 40＋50＝

⑧ 70＋20＝

⑨ 90＋10＝

⑩ 30＋40＝

2 けいさんを　しましょう。

月　日

① 70－40＝

② 30－20＝

③ 80－50＝

④ 90－30＝

⑤ 40－10＝

⑥ 100－60＝

⑦ 50－30＝

⑧ 60－20＝

⑨ 70－50＝

⑩ 100－50＝

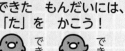

30 なんじゅうと　いくつの　けいさん

★できた　もんだいには、「た」を　かこう！

1 でき　2 でき

1 けいさんを　しましょう。

月　　日

① 60＋2＝□　　② 20＋5＝□

③ 30＋8＝□　　④ 90＋6＝□

⑤ 50＋7＝□　　⑥ 70＋1＝□

⑦ 80＋8＝□　　⑧ 40＋9＝□

⑨ 20＋3＝□　　⑩ 60＋4＝□

2 けいさんを　しましょう。

月　　日

① 52－2＝□　　② 24－4＝□

③ 81－1＝□　　④ 79－9＝□

⑤ 27－7＝□　　⑥ 66－6＝□

⑦ 45－5＝□　　⑧ 93－3＝□

⑨ 58－8＝□　　⑩ 35－5＝□

31 100までの　かずと　いくつの　けいさん①

★できた　もんだいには、「た」を　かこう！

1 でき　2 でき

1 けいさんを　しましょう。

月　　日

① 36＋1＝□　　② 53＋6＝□

③ 82＋2＝□　　④ 23＋4＝□

⑤ 66＋3＝□　　⑥ 92＋7＝□

⑦ 44＋4＝□　　⑧ 75＋2＝□

⑨ 33＋5＝□　　⑩ 57＋1＝□

2 けいさんを　しましょう。

月　　日

① 39－5＝□　　② 85－3＝□

③ 58－5＝□　　④ 29－8＝□

⑤ 73－1＝□　　⑥ 98－2＝□

⑦ 49－7＝□　　⑧ 65－1＝□

⑨ 38－3＝□　　⑩ 88－6＝□

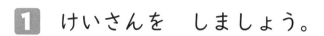

32 100までの　かずと　いくつの　けいさん②

★できた　もんだいには、「た」を　かこう！

でき 1　でき 2

1 けいさんを　しましょう。

月　日

① 84＋5＝□　② 41＋8＝□

③ 55＋1＝□　④ 72＋4＝□

⑤ 33＋3＝□　⑥ 86＋2＝□

⑦ 72＋6＝□　⑧ 25＋3＝□

⑨ 67＋1＝□　⑩ 94＋3＝□

2 けいさんを　しましょう。

月　日

① 52－1＝□　② 67－3＝□

③ 26－3＝□　④ 99－6＝□

⑤ 84－1＝□　⑥ 27－5＝□

⑦ 66－5＝□　⑧ 35－2＝□

⑨ 79－4＝□　⑩ 48－7＝□

こたえ

1 10までの　たしざん①

1 ①3　②8
③10　④10
⑤5　⑥8
⑦5　⑧8
⑨10　⑩9

2 ①7　②4
③10　④9
⑤6　⑥8
⑦6　⑧7
⑨6　⑩10

2 10までの　たしざん②

1 ①8　②9
③7　④10
⑤2　⑥9
⑦4　⑧7
⑨10　⑩8

2 ①4　②10
③9　④3
⑤8　⑥7
⑦6　⑧6
⑨9　⑩5

3 10までの　たしざん③

1 ①5　②10
③9　④9
⑤6　⑥10
⑦8　⑧7
⑨3　⑩10

2 ①6　②7
③10　④8
⑤7　⑥9
⑦10　⑧5
⑨9　⑩4

4 10までの　たしざん④

1 ①6　②10
③8　④9
⑤10　⑥5
⑦8　⑧2
⑨8　⑩10

2 ①7　②10
③7　④9
⑤4　⑥4
⑦10　⑧9
⑨6　⑩9

5 10までの　ひきざん①

1 ①3　②7
③5　④2
⑤8　⑥2
⑦3　⑧3
⑨1　⑩2

2 ①1　②3
③2　④1
⑤4　⑥3
⑦1　⑧7
⑨5　⑩5

6 10までの　ひきざん②

1 ①6　②1
③1　④5
⑤4　⑥1
⑦4　⑧9
⑨2　⑩1

2 ①2　②6
③2　④4
⑤8　⑥4
⑦3　⑧3
⑨2　⑩6

7 10までの　ひきざん③

1 ①5　②3
③3　④1
⑤5　⑥4
⑦6　⑧2
⑨2　⑩3

2
①1 ②2
③2 ④8
⑤3 ⑥1
⑦7 ⑧7
⑨1 ⑩2

8 10までの　ひきざん④

1
①5 ②2
③4 ④2
⑤1 ⑥3
⑦5 ⑧3
⑨4 ⑩6

2
①4 ②2
③1 ④7
⑤6 ⑥5
⑦1 ⑧1
⑨4 ⑩9

9 0の　たしざんと　ひきざん

1
①4 ②8
③1 ④3
⑤9 ⑥7
⑦2 ⑧5
⑨6 ⑩0

2
①0 ②0
③0 ④0
⑤0 ⑥4
⑦1 ⑧8
⑨3 ⑩0

10 たしざんと　ひきざん①

1
①15 ②12
③18 ④13
⑤17 ⑥10
⑦10 ⑧10
⑨10 ⑩10

2
①15 ②19
③17 ④18
⑤19 ⑥12
⑦14 ⑧11
⑨11 ⑩15

11 たしざんと　ひきざん②

1
①14 ②16
③11 ④17
⑤19 ⑥10
⑦10 ⑧10
⑨10 ⑩10

2
①17 ②17
③19 ④19
⑤15 ⑥11
⑦13 ⑧14
⑨11 ⑩11

12 3つの　かずの　けいさん①

1
①8 ②7
③8 ④14
⑤16 ⑥4
⑦2 ⑧2
⑨6 ⑩7

2
①6 ②6
③9 ④12
⑤17 ⑥2
⑦3 ⑧2
⑨13 ⑩11

13 3つの　かずの　けいさん②

1
①9 ②8
③15 ④13
⑤17 ⑥2
⑦4 ⑧3
⑨5 ⑩4

2
①9 ②7
③9 ④19
⑤16 ⑥2
⑦3 ⑧7
⑨13 ⑩13

14 3つの　かずの　けいさん③

1
①8 ②9
③19 ④19
⑤12 ⑥1
⑦1 ⑧2
⑨9 ⑩10

2	①8	②5
	③8	④15
	⑤12	⑥2
	⑦7	⑧8
	⑨13	⑩12

15 くりあがりの　ある　たしざん①

1	①14	②11
	③15	④11
	⑤17	⑥12
	⑦14	⑧13
	⑨12	⑩15
2	①11	②14
	③16	④11
	⑤13	⑥11
	⑦13	⑧13
	⑨17	⑩12

16 くりあがりの　ある　たしざん②

1	①13	②16
	③11	④14
	⑤16	⑥12
	⑦12	⑧11
	⑨15	⑩13
2	①15	②12
	③12	④14
	⑤12	⑥13
	⑦15	⑧11
	⑨14	⑩17

17 くりあがりの　ある　たしざん③

1	①12	②12
	③12	④17
	⑤13	⑥15
	⑦18	⑧11
	⑨13	⑩15
2	①11	②12
	③13	④13
	⑤14	⑥14
	⑦11	⑧15
	⑨16	⑩11

18 くりあがりの　ある　たしざん④

1	①11	②12
	③15	④12
	⑤15	⑥17
	⑦16	⑧12
	⑨13	⑩14
2	①14	②11
	③16	④13
	⑤12	⑥11
	⑦16	⑧11
	⑨13	⑩15

19 くりあがりの　ある　たしざん⑤

1	①18	②12
	③14	④11
	⑤11	⑥13
	⑦17	⑧12
	⑨11	⑩14
2	①15	②15
	③12	④13
	⑤13	⑥16
	⑦13	⑧14
	⑨17	⑩11

20 くりあがりの　ある　たしざん⑥

1	①13	②11
	③12	④11
	⑤13	⑥16
	⑦15	⑧12
	⑨12	⑩15
2	①14	②18
	③12	④13
	⑤12	⑥11
	⑦14	⑧11
	⑨11	⑩11

21 くりあがりの　ある　たしざん⑦

1	①11	②18
	③14	④11
	⑤11	⑥13
	⑦14	⑧11
	⑨16	⑩14

2 ①11 ②13
③11 ④17
⑤15 ⑥12
⑦16 ⑧12
⑨12 ⑩14

22 くりさがりの　ある　ひきざん①

1 ①7 ②8
③8 ④6
⑤8 ⑥8
⑦5 ⑧8
⑨7 ⑩4

2 ①9 ②5
③4 ④3
⑤7 ⑥9
⑦6 ⑧5
⑨8 ⑩9

23 くりさがりの　ある　ひきざん②

1 ①8 ②9
③4 ④8
⑤7 ⑥5
⑦9 ⑧9
⑨6 ⑩7

2 ①6 ②8
③3 ④9
⑤9 ⑥7
⑦5 ⑧9
⑨7 ⑩3

24 くりさがりの　ある　ひきざん③

1 ①7 ②7
③7 ④7
⑤4 ⑥5
⑦8 ⑧8
⑨6 ⑩7

2 ①3 ②3
③8 ④9
⑤8 ⑥6
⑦9 ⑧6
⑨9 ⑩4

25 くりさがりの　ある　ひきざん④

1 ①8 ②2
③5 ④6
⑤9 ⑥3
⑦9 ⑧8
⑨4 ⑩8

2 ①5 ②7
③7 ④6
⑤9 ⑥9
⑦9 ⑧6
⑨9 ⑩4

26 くりさがりの　ある　ひきざん⑤

1 ①9 ②7
③9 ④6
⑤6 ⑥7
⑦8 ⑧5
⑨9 ⑩6

2 ①8 ②3
③7 ④4
⑤8 ⑥8
⑦6 ⑧7
⑨5 ⑩5

27 くりさがりの　ある　ひきざん⑥

1 ①5 ②6
③7 ④9
⑤5 ⑥4
⑦9 ⑧8
⑨8 ⑩9

2 ①8 ②4
③6 ④8
⑤6 ⑥8
⑦2 ⑧7
⑨9 ⑩4

28 くりさがりの　ある　ひきざん⑦

1 ①6 ②8
③7 ④6
⑤9 ⑥9
⑦8 ⑧3
⑨5 ⑩9

2 ①4　②9
③8　④7
⑤7　⑥5
⑦2　⑧7
⑨9　⑩9

29 なんじゅうの　けいさん

1 ①70　②80
③100　④60
⑤90　⑥80
⑦90　⑧90
⑨100　⑩70

2 ①30　②10
③30　④60
⑤30　⑥40
⑦20　⑧40
⑨20　⑩50

30 なんじゅうと　いくつの　けいさん

1 ①62　②25
③38　④96
⑤57　⑥71
⑦88　⑧49
⑨23　⑩64

2 ①50　②20
③80　④70
⑤20　⑥60
⑦40　⑧90
⑨50　⑩30

31 100までの　かずと　いくつの　けいさん①

1 ①37　②59
③84　④27
⑤69　⑥99
⑦48　⑧77
⑨38　⑩58

2 ①34　②82
③53　④21
⑤72　⑥96
⑦42　⑧64
⑨35　⑩82

32 100までの　かずと　いくつの　けいさん②

1 ①89　②49
③56　④76
⑤36　⑥88
⑦78　⑧28
⑨68　⑩97

2 ①51　②64
③23　④93
⑤83　⑥22
⑦61　⑧33
⑨75　⑩41